U0060165

Dog's IQ 大考驗

判斷與訓練愛犬智商的 50 種方法

一本專為您的愛犬所設計的智能大補帖

狗為何是人類最忠實的朋友？因為牠們能與飼主有良好的互動、能接受指令完成你所給予牠的任務，而且善解人意，在在展現牠們聰敏的一面。《Dog's IQ大考驗》一書中的各種有趣測試與訓練方法，除了可以讓讀者了解家中愛犬的聰明程度，還能透過適當的評比分析來個別加以有效的練習和訓練，讓你家的狗兒更聰明、反應更靈敏。

中華傳統獸醫學會理事長
國立台灣大學獸醫專業學院教授
國立台灣大學獸醫學博士
郭宗甫

Contents 目錄

簡介

人們總是會陷入迷思，堅信自己所愛的人事物都是最棒的，自家小孩一定最聰明，考試都第一名，在親師懇談會時備受老師稱揚。但人類的智商高低，可以藉由IQ 測驗或外在表現加以判定，那自家愛犬要如何評估聰明與否呢？

如果在機緣巧合的情況下，狗狗碰巧做了一些異於平常的舉動，這樣就能證明牠很聰明嗎？有些狗狗真的比較聰明，有些真的比較笨嗎？當我們用「聰明」這個字眼來形容家中愛犬，這當中隱含的意義到底是什麼？

關於這些問題，讀者都能在本書找到滿意的答覆，如果你想要深入了解，相信本書也能提供相關資訊。書中介紹的各種測試，可以讓你更了解家中愛犬所具備的思考能力，甚至對牠刮目相看。此外，透過反覆練習或某些方面的加強訓練，搞不好真的能提升愛犬的 IQ。這些測試或訓練課程並沒有針對特定犬種所設計，不管是選秀會的純種冠軍犬，或是從地方動物收容所領養的混種狗，全部都一體適用。

書中大多數的測試都很簡單，能夠因地制宜，有些在室內、有些在室外，為了方便起見，某些測試甚至在平常遛狗時就能直接進行，為你和愛犬相處的玩樂時間添加一些樂趣。誰知道最後會出現什麼結果，搞不好你家愛犬將讓你大吃一驚，牠居然是傳說中的「狗界天才」！

狗狗的心智

你家狗狗有多聰明？

儘管狗狗智商高低很難以量化數據表示，然而由飼主與自家寵物相處的經驗來看，當牠面對各種環境的考驗，常常會嶄露其聰慧的一面。如果你把剛出爐的烤雞放到冰箱裡，等在一旁口水直流的狗狗，相信很快就能學會如何開啟冰箱，而且牠的能耐還不只如此，常常會為你帶來許多意想不到的驚喜！

腦容量大小和智商有關嗎？

狗狗缺乏處理抽象概念的能力，所以牠所具備的推理能力當然無法和人類相提並論。然而目前還沒有證據顯示這和腦容量之間是否有直接關係。

相較於人類大腦重量約 1.4 公斤（3 磅），像米格魯（Beagle）這種小型獵犬的大腦卻只有 0.075 公斤（2½ 盎司）。曾經有一派理論認為，某物種大腦重量佔全身體重的比例越高，智商也越高，因為腦容量越大，神經元的連結也越多，能夠處理比較複雜的資訊。然而最新的研究報告顯示，以上推論並不正確（請參閱 12-13 頁），頭部比例較大的大型犬，不見得比小型犬聰明。

人與狗之間的關係

根據動物行為學家所做出的十大聰明動物排行榜，狗狗根本不在榜內，甚至連豬都比不上！儘管牠不算絕頂聰明，卻因為能在多方面協助人類，所以在動物界中最先被人類馴養。

經過幾千年選種育種，發展出各式各樣不同的犬種，專精於某些特殊領域的工作。也因為如此常常會引發一些爭論，像是當你跟鄰居分享養狗經驗，得意地炫耀自家獵犬（Spaniel）有多聰明，對方卻不甘示弱，宣稱自己養的貴賓狗（Poodle）一點也不遜色。事實上，這兩種品系各有特色，彼此擅長的領域也不同，雖然如此，「狗狗家族」還是擁有一些與生俱來的共通點，牠們和飼主之間總是很容易建立起友誼和合作關係，這種外人難以介入的默契，讓狗狗成為人類最好的朋友！

因此，豬是否比狗聰明這個議題根本不值得深入探討，基本上牠們就是兩個截然不同的物種，無法一概而論。你能想像豬和小孩玩捉迷藏？叼報紙？導引盲人？窩在獨居老人大腿上，給予他心靈的安慰？以我來說，根本沒辦法想像這些場景！

你家愛犬的腦容量

　　雖然比不上人類，不過以狗狗的體型而言，腦部額葉所佔的比例已經算很大了。而這個區域所掌管的正是用來評估該種動物智能高低的各種面向，包含各種感覺、思考、理解能力等；其發展程度越高，表示該物種的智能也越高。

智能發展

狗狗跟其他動物一樣，出生後大腦還是持續發育，腦細胞不斷複製增加，神經元彼此的連結也更健全，外界給予的刺激越多，其感官知覺也會越趨成熟。這可能也是街頭流浪狗通常比純種狗更敏銳的主因之一，在周遭環境的不斷刺激下，其腦容量會比那些純品系的狗同胞們更大，也更容易適應街頭生活。

智能訓練

綜上所述，如果想要愛犬變聰明，就要讓牠多學點東西，勇於面對挑戰，這樣才能有效提升牠解決問題的能力。整個過程有點像在健身房鍛鍊肌肉，狗狗「練習」的次數越多，越有成效，如果對象是幼犬，腦容量會迅速增加，如果是垂垂老矣的「熟犬」，透過練習也能保持活力，減緩退化速度。

書中所提供的遊戲、測試、訓練，就像為愛犬所設計的智能健身房。此外，狗狗透過遊戲也能鍛鍊肢體，這對腦部發展有非常正面的助益，因為運動會讓心跳加速，促進血液循環，將氧氣和醣類、蛋白質、維生素這些養分輸送到腦細胞，有助於神經元的發展。狗狗如果缺乏運動，血液循環不良，無法提供腦細胞足夠養分，可能會影響往後健康，容易罹患犬認知功能失調（Canine Cognitive Dysfunction），這種症狀通常好發於年紀較大的寵物，造成心智嚴重退化，也就是所謂的「狗狗癡呆症」（請參閱 180-181 頁）。

狗狗的推理能力

狗狗絕對是擅於解決難題的高手，不過牠這方面的智能發展，飼主扮演非常重要的關鍵角色。根據一些科學研究指出，很多狗狗具有模仿人類的能力，並從中成長學習。

和人類一起生活

經過幾千年馴化的過程，長時間和人類一起生活的狗狗，已經演化出特有的感官智能，牠們會看人臉色，和人溝通，甚至勝任某些特殊工作。如果把狼和狗作比較，儘管這兩種動物的親緣相近，當狼看到人類打開柵門，可能直接模仿對方動作把門打開；但是後者除了模仿之外，更在意主人的感受，若非得到允許，否則不會直接把門打開（當然這只是理論，理想和現實總是有段差距，不可能每隻狗狗都那麼聽話！）。既然你選擇愛犬的陪伴，就要讓牠理解人類社會的規範，融入其中，成為我們最好的朋友！

複合推理能力

多數動物只具有線性思考的能力，但是狗狗的理解力卻非常細膩。如果把食物放在洞內，洞口蓋上布，不管是猿猴、貓、倉鼠、鸚鵡或狗，都會直接往洞口移動拿出食物。因為這些動物看到食物被藏在布下面，不需要在腦海中另外描繪出這樣的畫面。

但是如果我們稍微做些改變，把杯子倒扣蓋住食物，慢慢讓茶杯移動到兩道

屏障間，之後再拿走食物，把空杯子拿到受試動物眼前。如果牠具備推理能力，心裡就會開始盤算，當杯子消失在視野的這段期間，食物一定被掉包了，所以牠只看到空杯子，食物還在屏障後面。

要理解這麼複雜的過程，並且成功找出食物，受試動物必須先在腦海中模擬出食物移動的景象；像是狗、某些猿猴就具備這種能力，至於貓、倉鼠、鸚鵡則無法順利找出食物。

為什麼狗狗能成功通過上述測試？近來有些動物行為學家就質疑這個實驗設計不夠嚴謹，如果稍微改變測試內容，整個過程採取更嚴格的控管，把食物或玩具從小型容器中轉移到三個箱子其中之一，最後狗狗的反應居然是直接跑向距離容器最近的箱子旁邊。

由此可知，雖然狗狗的推理能力無法與人類相提並論，不過相較於其他哺乳動物，還是堪稱「動物界的柯南」！

相對智能

若硬要把不同物種放在一起，比較其智能高低，儘管不是絕對辦不到，但實際操作時確實有困難度。以海豚為例，牠能在海底世界悠遊自如，其聰慧的表現讓人驚豔；如果把一隻在高山放牧的牧羊犬，拿來和海豚相較，設計一套評估這兩種動物智能高低的試驗，相信任誰都不知道從何著手吧！

相近物種間的比較？

不只海洋和陸域動物難以一較高下，就算同是陸域動物，狗和其他物種之間也無從比較起。如果對象是黑猩猩或馬，前者因手部構造發達而佔盡優勢，牠們和人類一樣，大拇指與其他四指相對，具有抓握的功能，所以能使用工具，以這一點而言，狗就很吃虧。至於馬也是非常聰明的動物，身為掠食者的獵物，為了抵抗入侵者，牠們必須發展出各種禦敵策略，才能在物競天擇的殘酷現實下存活下來。而狗則剛好相反，屬於群居捕獵的掠食者，所有生存技能都是為了適應這樣的生活而發展。

腦容量

有些學者試圖從比較解剖學的角度切入，藉由比較客觀的實驗數據，來釐清不同物種間智能高低這個難題。針對受試動物的大腦組織進行分析比較，把維持生存的基本功能，如呼吸、血液循環、運動等部分扣除，「額外腦容量」就負責處理比較複雜的資訊，由感官知覺負責蒐集周遭環境線索，經過處理後，再進入思考、想像等程序，如果單一個體能處理的資訊越複雜，也就表示牠越聰明。

整個理論基礎是利用一套公式計算出每個物種「額外腦容量」的相對比例，把大腦重量和脊髓長度作比較（掌控身體運作的基本功能），所得到的比值越大，表示該物種越聰明。最後結果各物種的平均值如下：

- 人類 50：1
- 狗 5：1
- 貓 4：1

以這種方式判斷各種動物的智能高低，儘管不算周全，卻可以屏除彼此構造相異，無法放在同一天平下比較的缺失。把大腦重量和脊髓長度的相對比例作為智能評估的基準，是目前最客觀的方法之一。

不同犬種的智商

相異物種的智能高低，很難以量化數據作比較（請參閱 16-17 頁），但如果同樣屬於狗狗家族的成員，各種不同品系如何一較高下？如何以客觀的方法進行評估？

智能評估的指標

若要評估狗狗的智能高低，可以從下列三個面向著手：

1. **適應力**：學習和解決問題的能力。
2. **服從性**：對指令是否能迅速確實地做出回應。
3. **本能反應**：某些犬種的遺傳天性，讓牠們能勝任特定工作，例如牧羊犬和尋回犬等。

本書的測試包含以上三項指標，不過主要著重在前面兩項。

智能高低判別基準

先前一份研究犬隻服從性的報告，以不同犬種作為受試對象，選出哪一種最訓練有素、能在最短時間內學會新指令。最後結果顯示，具有高度服從性的族群，面對全新指令時，該個體反覆練習的次數不超過五次，就能充分理解指令含意，並且在受試期間，對指令反應的準確率高達百分之九十五以上；服從性較低、沒那麼聰明的，至少需要練習 80 次以上才能達到目標，而且準確率也低很多，只有百分之二十五，甚至更低。

但結果如何真的很重要嗎？就算最不聰明的「笨狗」也是很可愛、很友善、很有

趣，相較於其他狗狗家族成員，一點也不遜色！每隻狗狗都具有鮮明獨特的個性，這也會影響受試表現（請參閱 28-29 頁）。「狗格」鮮明的犬種，飼主通常會一再強調，因為這些狗狗具有獨立而高貴的靈魂，才不屑去遵從人類的指令！

混種狗的智能高低

儘管品系不純，很多混種狗還是非常聰明，就像混血兒一樣，通常外表出色又聰明。牠們因為混種雜交而比親代更有活力，甚至會出現隔代遺傳的現象，結合雙親各自品系的優點，青出於藍更勝於藍。

較聰明的族群

澳洲牧牛犬（Australian Cattle Dog）
邊境牧羊犬（Border Collie）
杜賓犬（Dobermann Pinscher）
德國狼犬（German Shepherd）
拉不拉多（Labrador Retriever）
蝴蝶犬（Papillon）
貴賓犬（Poodle）
洛威拿犬（Rottweiler）
喜樂蒂牧羊犬（Shetland Sheepdog）

較不聰明的族群

阿富汗獵犬（Afghan Hound）
貝生吉犬（Basenji）
巴吉度（Basset Hound）
米格魯（Beagle）
尋血獵犬（Bloodhound）
蘇俄牧羊犬（Borzoi）
鬥牛犬（Bulldog）
鬆獅犬（Chow Chow）
獒犬（Mastiff）
北京犬（Pekinese）
西施犬（Shih Tzu）

圖：阿富汗獵犬（Afghan Hound）

狗狗的思維模式

狗狗有多聰明？

智能是個集合名詞，泛指個體在各個層面的綜合表現，其評估指標包含理解、思考、推理能力等，有別於感覺、慾望這些單純的反應。狗狗絕對是非常聰明的動物，且能善用本身智能，解決問題、脫離困境。

名留青史的「狗界諸葛亮」

在「狗狗家族史」上有很多傳奇軼事，足以證實牠們具有非常驚人的思考能力！

空間感

第一則實例是一隻極為獨特的德國狼犬（German Shepherd），牠非常熱衷於尋回遊戲，當別人把木棍丟出，牠會馬上叼回來。而且不只如此，牠的飼主曾經把一小截樹枝丟出庭院柵欄外，這些柵欄是垂直的木板隔柵，這隻聰明的狗狗居然知道從隔柵缺口往外鑽，找到樹枝，用上下顎把樹枝咬住，然後往回跑；當牠慢慢接近柵欄時，顯然意識到自己咬住的樹枝平行於地面，會卡住柵欄縫隙，讓牠無法直接由原來的缺口鑽回庭院，因此牠把頭朝側邊轉，直到樹枝和地面垂直，這樣牠就能輕鬆通過柵欄！

獸醫警報

第二則實例的主角是一隻邊境牧羊犬（Border Collie），牠的工作是幫主人放牧，在白天時負責看顧牧場的牛隻；這隻神奇的狗狗，對正常牛隻的一舉一動都瞭若指掌，一旦有什麼不對勁，馬上就能準確地反應問題。例如某些牛隻在休息時間卻肢體僵硬，無法舒適地臥下，這是乳熱病（Milk Fever）的徵兆之一，只要牠發現這種狀況，就會狂奔回農舍拉警報，讓獸醫能在第一時間進行治療，避免發生更大的損失。這隻邊境牧羊犬，不但盡責，也會公私分明，當牠在野外追鵝取樂，從來不曾呼叫主人或獸醫。由此可見，牠心裡非常清楚，這些牛隻才是自己看護的對象。

狗狗的感官知覺

狗狗從周遭環境蒐集各種資訊，之後才能進行整合分析，所以其感官知覺是整體智能表現非常重要的一環。你家愛犬全身配備精良，感官細胞異常發達，不管視覺、嗅覺、聽覺都有其獨到之處。牠的感官知覺和人類不盡相同，有些感覺甚至超乎尋常的敏銳，以下將針對這個部分作更進一步的說明。

視覺

雖然大多數犬種主要不是依靠視覺搜捕獵物，但是牠們的動態視覺還是很發達，能夠察覺快速移動的小型獵物。儘管狗狗的眼睛對光線並不敏感，不過視野卻比人類寬廣。此外，狗狗在黑暗中會看得比較清楚，因為其視網膜（Retina）組成以桿狀細胞（Rod）為主，對低光度的環境較敏感，而且在桿狀細胞下方還有一層反光細胞，稱為脈絡膜層（Tapetum Lucidum），能夠反射光線，強化狗狗的夜視能力。

味覺

眾所周知狗狗的嗅聞能力驚人，事實上，牠們的嗅覺敏感度幾乎是人類的百萬倍；在人類鼻腔裡約有五百萬個嗅覺感應細胞，而狗狗的嗅覺細胞總數遠超過人類，例如臘腸狗（Dachshunds）有一億二千五百萬個嗅覺細胞，德國狼犬（German Shepherd）甚至高達二億二千萬個，在動物界中，只有鰻魚和蝴蝶的嗅覺敏感度能和狗狗相提並論。

聽覺

除了嗅覺敏銳之外，狗狗的聽覺也很發達，能夠察覺一秒鐘振動 35,000 次的高頻率聲響，至於貓的敏感度較低，能夠察覺的頻率只有 25,000 次，人類更低，只有 20,000 次。不僅如此，狗狗的節奏感也很強，對極微小的差異也很敏感。假設有兩個節拍器，其中之一每分鐘敲 100 次，另一個敲 96 次，牠也能分辨其中不同，人類反而沒辦法察覺。

狗狗超乎尋常的感受力

儘管在嗅覺和聽覺項目，人無法和狗一較長短，但在味覺這方面，卻可以稍稍扳回一城。狗狗的祖先是肉食動物（Carnivore），以群居捕獵的方式維生，在遠方把獵物定位之後，接著再一擁而上，不管抓到什麼就直接往嘴巴送。至於人類則是雜食動物（Omnivore），我們會從各種不同口味的食物，挑選出對自己有益的。因此，人類的味覺遠遠比狗狗發達，然而在其他感官知覺方面，牠們可比我們敏銳多了，能夠察覺環境中極細微的變化。

震動

狗狗對震動非常敏感，在地震或火山爆發之前，儘管人類無法察覺，但牠們卻能感受到極微弱的地殼變化，在事故發生前提出預警。儘管如此，這當中還是有些值得玩味之處，每年地殼震動的次數約有150,000 次之多，其中大多為正常能量釋放，但是狗狗卻會選擇性地忽略這些不會造成任何損傷的震動，只對真正的地震有反應。

醫療協助

有些狗狗具有極為異常的感受力，在癲癇症病患發作前就能察覺，有些則對飼主的血壓很敏感，一旦血壓飆高，馬上就發出警告。到目前為止，還不知道這其中的機制為何？也許是因為狗狗具有非常敏銳的觀察力，當病患在發病前會變得比較虛弱，導致行為有些細微變化，所以狗狗才能察覺出異常，事先提出預警。

第六感？

根據統計結果顯示，英美兩地有養狗經驗的飼主，48%相信自家寵物具有心電感應的能力；然而某些研究報告則抱持相反論點，認為狗狗會知道主人正在回家途中、主人即將帶自己去獸醫院或出門散步，並不是因為牠會讀心術或擁有第六感，主要是狗狗的感覺很敏銳，能夠分辨出熟悉的車聲，當主人要帶牠去看獸醫或出門散步前，可能會有一些習慣性的準備動作，一旦牠把這些存到記憶庫裡面，當然能夠預先做出反應。

狗狗的個性

狗的思考模式非常複雜，跟貓和馬這些動物完全不同。在很多方面，牠們和人類很像，然而這其實有跡可循，不需太過驚訝。人和狗已經共同生活了幾千年，牠們藉由觀察、模仿、記憶、學習等過程，逐漸把人類優點納為己有。除此之外，牠們的智能高低也跟遺傳有關，如果早一點開始社會化的訓練，也有助於智能發展。

愛犬是獨一無二的

不論品種為何，每一隻狗狗都是獨立的個體，具有獨特而鮮明的個性；就算品種相同，也可能個性迥異。

這其中最有趣的莫過於混種狗，牠們的個性有部分遺傳自父母親，相較於純種狗，其基因組成有更多可能性，能夠展現各品系獨特的優點。某些純種狗常見的遺傳疾病，甚至會因為混血雜交，降低後代罹病的可能性。由此可知，混合的品系越多，狗狗就越有競爭力，相較於血統相近的純種狗，牠們通常比較健康、強壯，脾氣好，適應力強，同時也不容易生病。

性格評估

要評估狗狗個性其實一點都不困難，可以直接把人類那一套拿來用。為了避免先入為主的刻板印象，要由飼主和不認識狗狗的陌生人一起進行這個測試。狗狗個性評量表包含以下四個指標：

1. **精力旺盛—懶散怠惰**
2. **溫柔友善—逞凶鬥狠**
3. **個性沉穩—容易緊張**
4. **聰明—愚昧**

首先由主人填選，接下來是完全不認識受試狗狗的陌生人，請他從旁記錄狗狗接受測試的反應作為其評估標準，以「聰明——愚昧」這個評比為例，可以根據狗狗尋回零食獎品的能力作判斷（請參閱66-67頁）。最後再比較雙方評量表的差異，得到一個比較客觀的結果。畢竟飼主和寵物之間感情深厚，容易產生偏頗，對寵物某些特性會比較誇大，藉由第三者的加入，主人也可以更清楚了解愛犬的「真面目」。

自家狗狗最聰明？

我們對家中寶貝都有些想像，嚴重的話甚至會自我催眠，深信牠一定精力旺盛、溫柔友善、個性沉穩、非常聰明。不管事實如何，本書的測試、遊戲、訓練都可以幫你達成目標，把愛犬塑造成你想要的理想模樣！

狗狗的情感

狗狗也會展現情感智能，有愛恨悲傷等情緒，無條件地付出愛和忠誠，有點類似父母對子女的感情。有些動物心理學家認為這應該跟遺傳有關，並非因為生活經驗而產生。儘管如此，還是很難驗證這種感情是狗狗與生俱來的天性！

狗狗對人類的偏見

狗狗對某些特定外觀的人類族群也可能產生偏見或厭惡感，甚至有攻擊行為。然而，這與遺傳無關，可能牠在過往曾經有過一些負面經驗，或者是因為牠自認是家中一份子（請參閱 32-33 頁），如果主人對特定人士態度不佳，狗狗也會有樣學樣，對這些人產生反感。

狗狗戰爭

狗狗也曾參與人類的世界大戰，訓練有素的軍用犬一旦辨識出特定部隊的外貌特徵或典型衣著，馬上進攻襲擊。匈奴王安提拉（Attila the Hun）為了讓軍隊能橫掃歐洲，曾經訓練巨型莫洛山犬（Giant Molossian）作為軍用犬，這是非常強悍的犬種，也是獒犬（Mastiff）、托伯獵犬（Talbot）、尋血獵犬（Bloodhound）的祖先，匈奴王的這批狗狗大軍，成為征服歐洲最有力的後援！

巴比的悲痛

狗狗擁有悲傷情緒，最有名的案例莫過於一隻愛丁堡的斯開島梗（Skye Terrier）——葛雷傅萊斯．巴比（Greyfriars Bobby）。1858 年，巴比主人不幸過世，牠跟著棺木一起抵達教堂邊的墓地，全程參與喪禮，之後便拒絕離開墓園，對任何外力都不屈服，爾後 14 年都為主人守喪。喪失摯友與主人的打擊，讓巴比終其一生都沉浸在哀痛的情緒中！

狗狗的群體推理能力

在英國和其他國家，房子前門通常會裝設信箱，狗狗和郵差之間的大戰一直是街頭常見的景象。然而狗狗對郵差不友善絕不是無的放矢，或有什麼歧視，會導致這種結果大多源於狗狗特殊的邏輯推理。

家庭群體

每個家庭組成就如同一個小群體，狗狗也是其中一員。當牠遇到陌生人或其他狗狗，剛開始會戒慎恐懼，深怕對方入侵自己領域。唯有家中成員展現友善態度，才表示對方已被整個群體所認可，狗狗通常才會接納這個不熟悉的陌生人。

卑劣的入侵者

如果我們從狗狗的觀點，重新回想郵差每天送信的畫面：

- 有個陌生人（郵差）逐漸接近玄關，家裡沒有人出來迎接對方。
- 狗狗開始吠叫，警告郵差不得越雷池一步。
- 郵差大吃一驚，笨手笨腳的把信丟到信箱，拔退就跑。這對狗狗來說，就好像牠的吠叫聲，成功嚇阻對方入侵一樣。
- 狗狗取得最後勝利，牠只吠了一兩聲，那個懦夫就嚇得落荒而逃！
- 不久以後，狗狗會認為郵差制服就是懦夫的標誌，所以牠可以追著對方跑，把對方嚇退。

這整個過程，狗狗都保持「非常理性」的態度，以身為家族群體的一員為榮，肩負起保衛領土的責任！

保衛領土

　　很多國家的郵差習慣把信放在每戶人家大門信箱，在庭園散步的狗狗可能都會抱持相同的想法，只要牠吠叫一兩聲，這個懦夫就會嚇得屁滾尿流、逃之夭夭，不會入侵家族群體的領域。

某些特別聰明的犬種

在「狗狗家族」中為數眾多的案例，都曾經以各種方式證明自己的能力，讓人無法反駁牠們實在是非常聰明的動物！舉例來說，報章媒體常常會出現寵物救主的新聞，牠們能及早發現火災或瓦斯外洩而提出預警，避免災害擴大。這個章節將列出一連串狗狗救人的真實案例，這些「神犬」驚人的表現，不但證明自己智勇雙全、足智多謀，也間接反映出人狗之間的關係密切，牠們對人類無私的付出令人動容！

解救鐵達尼號生還者

在百種聰明狗狗排行榜上，紐芬蘭犬（Newfoundland）的相對排名並不高，只佔第 34 名；然而這種聲名遠播的水上工作犬，除了曾經解救差點溺斃的拿破崙，在1912 年鐵達尼號撞上冰山的沉船意外中，更扮演重要角色，成功解救一艘救生艇上眾多倖存者脫離險境。

萊格爾（Rigel）是一隻鐵達尼號大副所飼養的紐芬蘭犬，當船開始沉沒時，牠迅速地跳入大海，導引救生艇航向第一艘駛往鐵達尼號的救難船，卡帕西亞號（Carpathia）。在生死一瞬間的危難時刻，救生艇眼看就要撞上卡帕西亞號的船舷，瑟縮成一團相互取暖的倖存者，因為驚魂未定且過於虛弱，根本無法出聲警告。在水中引導救生艇前進的萊格爾，預知可能發生的危機，於是開始向卡帕西亞號狂吠，企圖吸引駕駛艙的注意。萊格爾的吠叫聲，終於傳到船長耳朵，定位出救生艇的位置，隨即關閉所有引擎，避免救生艇撞上航行中的卡帕西亞號。此時，救生艇上包含萊格爾在內的倖存者，已經在冰水中以四肢和雙手英勇划動了將近三小時之久，最後他們終於獲救了！

從蘇格蘭到印度…來回往返

同樣也是海中航行的案例，不過主角換成邊境牧羊犬（Border Collie），牠的飼主是一位蘇格蘭伊凡尼斯（Inverness）的女士，她把狗狗送給居住在印度加爾各答（Calcutta）的友人。

幾個月以後，這隻狗狗居然又出現在伊凡尼斯的老家！顯然牠從加爾各答搭船航向蘇格蘭的丹迪（Dundee），在偶然機會下，再搭上沿蘇格蘭海岸線航行的接駁船回到伊凡尼斯。在口耳相傳之下，人們相信這隻聰明的狗狗可能是被船員特殊口音所吸引，從小熟悉的蘇格蘭腔，讓牠毅然決然跳上船，遠渡重洋回到日思夜想的蘇格蘭高地！

純金

多拉多（Dorado）是一隻四歲的拉不拉多（Labrador），曾經目睹美國紐約 911 恐怖攻擊。身為電腦技術員奧瑪．李維拉（Omar Rivera）的導盲犬，事件發生當下，他們正在世貿雙子星大樓北塔的 71 樓工作，被劫客機正好撞擊他們所在位置的上方樓層。根據李維拉先生的回憶表示，接下來的狀況一團混亂，「我馬上站起來，四周玻璃碎片四散飛濺，我的肺部充滿濃煙，高溫讓人難以忍受，沒有任何徵兆顯示我能平安下樓，像明眼人一樣穿過障礙到達平地，我已經放棄求生，在面對死亡的那一刻，我決定解除多拉多的職務，留給牠一線生機逃離這場災難。緊

接著我解開牠的牽繩，抓抓牠的頭，輕輕推了牠一下，命令牠離開。」

在那當下，恐慌的人潮淹沒了樓梯間，也把多拉多從李維拉身邊推開，頓失依靠的李維拉，被倉皇逃跑的人群所包圍。幾分鐘之後，令人意想不到的奇蹟發生了！李維拉發現自己的膝蓋正被輕輕往前推，那種熟悉感正是多拉多毛茸茸的嘴巴，忠心的牠並沒有棄主人於不顧，牠想要陪伴主人度過危機。

多拉多導引著李維拉穿越 70 層樓的階梯，整個樓梯間擠滿了逃難人潮，推擠碰撞的慘況，就如同人間煉獄。多拉多一步步推著自己的好友往下走，這一人一犬的好搭擋花了至少一小時才平安到達地面，之後沒多久整座樓就倒塌了！ Dorado 的西班牙原文是「純金」的意思，以多拉多為名的這隻導盲犬，其英勇的行為和特殊命名相得益彰，也為狗狗高度發展的智能提供最有力的實證，無法否認，這當中也包含對人類濃厚的感情智能！

追蹤定位

另一個證明狗狗智能的實例是牠們追蹤定位的能力，就算距離遙遠，依然能找到回家的路徑。

1923 年，邊境牧羊犬（Border Collie）巴比（Bobbie）為了回家與主人一家團聚，長途跋涉 4,100 公里（2,550 英里），終於回到自己位於奧勒岡州希爾弗頓的家（Silverton，Oregon），牠也因為自己的壯舉而聲名大噪，贏得美國奧勒岡不思議犬（the Wonder Dog of Oregon，USA）的美稱。整起事件的原委非常曲折離奇，巴比在跟著主人前往美國中西部

印地安納州（Indiana）的途中突然消失，迷途的牠靠著與生俱來的追蹤定位能力，翻山越嶺穿越幾千公里的旅程，終於找到回家的路，為自己創造一則不朽的傳奇，時至今日希爾弗頓依然定期舉辦慶典，歌頌英勇返鄉的巴比。

然而這當中還有許多謎團未解，狗狗體內究竟擁有什麼特殊機制，讓神奇的巴比克服困難完成使命，目前歸納出可能的原因如下：

天體導航：狗狗可能下意識地察覺，一天之中某個特定時間點的太陽方位，比對老家和牠當時所在地點的太陽方位，之後再朝某個方向移動，重新檢視太陽的位置，如果角度差異越來越大，牠就調整行進方向，反之，如果角度差異越來越小，就表示牠所選擇的路徑是正確的。但是這個假設是否成立，還有另一個不確定因素待釐清，狗狗要如何知道現在幾點？這可能是因為狗狗和人類這些高等哺乳動物很類似，體內具有生理時鐘（蟑螂也有），藉由這種機制判斷一天之中特定的時間點。

生理羅盤：狗狗也可能跟鴿子、蜜蜂、海豚、牛這些動物一樣，體內擁有特殊結晶體，裡面成分含有天然具磁性的鐵化合物或磁鐵礦，能夠感應地磁方向和強度藉此定位。而狗狗腦中這種結晶體的功能就如同羅盤，至於腦細胞和這種特殊羅盤之間彼此如何連結，目前還不清楚。儘管如此，還是可以假設這種特殊羅盤的作用就像定位導航系統，能夠跟上述的天體導航功能結合，強化狗狗的追蹤定位能力。

認知地圖：如果是短距離的旅程，狗狗可能會以其他方式尋找回家的路徑，運用之前在居家附近四處遊走的經驗，把這些印象記憶在腦海中，形成一幅認知地圖，裡面包含周遭環境幾個重要關鍵位置，點與點之間相對的地理方位；一旦狗狗確定目的地之後，就能藉此定位出返家最近的路徑。年紀較大的狗狗經常因為認知功能失調而迷路，這是因為牠們殘留在腦海裡的居家地圖記憶已漸漸遠去，儘管只在住家附近遊走，卻找不到回家的路，這種情況跟罹患失智症的老人很相似。

測試目標和計分方式

對所有犬種都公平的測試方法

經過千年的選種育種，目前世界上各式犬種五花八門，各具特色，想要設計出一套對所有狗狗都公平的智力測驗，困難度相當高。以獵犬（Hound）為例，如果某項測試所提供的線索以視覺為主，靈緹犬（Greyhound）、東非獵犬（Salukis）等視覺系獵犬（Sight Hound）一定會有優異的表現，至於擅長味覺的尋血獵犬（Bloodhound）、臘腸狗（Dachshund）當然會遜色很多。但是如果反過來，測試線索以味覺為主，絕對會得到完全不同的結果！

狗界菁英，各有所長

擅長捕獵的米格魯（Beagle），如果硬要把牠和邊境牧羊犬（Border Collie）或澳洲牧牛犬（Australian Cattle Dog）這兩種特性完全不同的犬種，放在同一個測試場地做比較，當然會得到非常不客觀的結果！

米格魯是注意力非常集中的犬種，全心全意搜尋環境中的線索，循著味道軌跡，一路找出發出這種氣味的來源，除非操控人員下指令，否則米格魯不會因為其他外界因素而分心。但是邊境牧羊犬則完全不同，牠和成群的羊隻一起工作，能夠一心多用，具有眼觀四面耳聽八方的能耐，對於四周環境的風吹草動特別敏感。換句話說，邊境牧羊犬必須要分心才能勝任這份工作，讓羊群以固定速度往特定方向成群移動，隨時注意是否有羊隻走散、脫隊、亂跑，對周遭一舉一動保持高度警覺，一旦察覺危險或障礙，立即做出反應。

邊境牧羊犬也許非常聰明，然而這可能導致一些潛在的負面效應。因為過於敏銳聰慧，對未知事物充滿好奇心，飼主如果想要訓練牠學習新指令，當然很容易上手；但是只要多重複幾次，牠可能會覺得太過無聊而興趣缺缺。

生理構造差異

為了公平起見，狗狗智能測試的設計應該要把生理特質也考慮在內，包括體型、體格、年齡、某些犬種所特有的構造等。如果有些狗狗因為肢體或生理功能障礙，影響視覺、聽覺、行動力，當然也要把這些因素納入其中。

狗狗 IQ 測試

書中所提供的狗狗智能測試區分成幾個類別，不管對工作犬、玩賞犬、聰慧的偵測犬、眼神銳利的獵犬而言，大致上都是站在同一立足點，絕不偏頗任何犬種，希望能達到公平公正的目標。

而且這些測試都很有趣，就像遊戲一樣，受試狗狗本身和飼主應該都能樂在其中。不過這些測試絕大部分本來就以寓教於樂為出發點，飼主不需要太過介意最後結果如何。此外，也不必添購太多配備，浪費太多時間。整本書的目的只是要讓狗狗展現多方面的才華，包含分析、解決問題、以及不同智能間的綜合應用能力。

測試計分方式

每組測試都有相對應的計分方式，當飼主和狗狗完成每個大項內的所有測試，再將所有分數相加，最後得到的總和就是這個項目的成績。至於每項測試的間隔時間則沒有限制，隔幾天或幾週都可以。如果飼主想要跳過其中幾個也無妨，不過這可能會影響最後的總積分。

測試和訓練

當狗狗第一次接受某些測試時，成績可能有好有壞，不需要太過介意，只要加強某些比較弱的項目，多試幾次，把測試和固定訓練課程交錯進行（請參閱 152-177 頁），應該能大幅改善狗狗的表現。

不用趕時間

當狗狗還沒準備好，不需要急著進行 IQ 測試，受試狗狗必須符合下列條件：

- 至少一歲以上。
- 認識你至少六個月以上。
- 住在你家的時間，至少兩個月以上，因為有部分測試需要在家裡進行。

我家狗狗很笨嗎？

很多狗狗雖然很聰明，但測試結果卻不如預期，最主要理由可能是因為牠們很容易分心。有這種傾向的狗狗通常就像過動兒、好奇寶寶，梗犬就是其中之一，牠們總是覺得周遭環境有趣極了，所以沒辦法長時間集中注意力在某件事物上。

額外加分

在 138-139 頁有列出某些能額外加分的犬種，會這麼做的理由是因為某些犬種經過特別篩選的過程，因而影響部分智能表現。因此除了測試積分之外，再加上各種品系別的額外加分，讓最後的結果更公平客觀。

樂在其中！

千萬不要太過介意愛犬智力測驗的結果，也不要在住家附近的狗狗訓練課程吹噓牠的優異表現。你們家的寶貝是忠誠的好夥伴、好幫手，可愛、逗趣、迷人，也是家中不可或缺的一員。如果你認為牠是聰明的，那麼牠就是；如果你認為牠不聰明，那麼你也知道牠是世界上最棒的狗狗！千萬記得，你是要持續告訴牠，你對牠的認同，只要狗狗表現出色，絕不要吝於付出讚賞！

IQ 測試

測試簡介

自 50 頁起就是一系列狗狗 IQ 測試，共區分為六大項，每個分項的測試目標都不一樣，用來評估狗狗在各個領域的智能表現，包含問題解決能力、分析能力、一般 IQ 測試、記憶力、觀察力、不同智能間的綜合應用能力、生活經驗等。

提升狗狗的測試分數

狗狗第一次接受測試時，每種測試只能進行一次，如果一再重複，整個過程就變成訓練而不是測試。

一旦狗狗完成所有測試，得到最後的總積分，之後才能重新進行先前的測試。但是最好能事先加強訓練，改善某些表現較差的項目（請參閱 152-177 頁）。在你和牠共同努力下，如果運氣不錯，應該能得到更好的成績，這時候你就能跟左鄰右舍報喜訊，自家寶貝果真是狗界天才！

儘管愛犬表現已經有所提升，卻不能因此懈怠，務必要讓牠定期接受挑戰，不需要太勉強，每次只要挑其中一兩項測試就好，這樣不只增加趣味，也能強化狗狗的智能發展。

飼主和愛犬共同奮鬥

為了讓測試過程能順利進行，飼主和狗狗間必須先建立非常親密的關係。如果家中狗狗已經受過訓練，能夠服從基本指令，最後結果會更貼近牠真正的實力。

最理想的測試時機如下：

- 附近沒有其他動物或人的干擾，特別要注意四周是否有小孩，因為這些擾動很容易讓狗狗分心，因而影響測試表現。
- 狗狗的生理狀況感覺起來應該富有朝氣且精神集中，只要有任何因素造成牠身心疲憊，像是剛散步回來或經過劇烈運動之後，這就不是進行測驗的適當時機。
- 擔任主試者的飼主也一樣，必須要精神狀況良好，能夠全程監控測試的進行。

善用食物獎勵

在每個測試的步驟說明，都會一再提醒主試者，務必要準備零食作為獎勵，嘉獎狗狗表現、提振狗狗士氣。食物獎勵最好體積小易攜帶，像是自家寶貝最愛的狗餅乾、硬起司塊等。千萬不要選擇糖果或巧克力，因為裡面的成分可能對狗狗有害（請參閱 154 - 157 頁）。

A 部分：問題解決能力的測試

為了解決難題，狗狗必須結合各種智能，才能突破困境。至於每種智能的比重多寡，完全取決於測試內容，這其中包含分析能力、感覺敏銳度（特別著重於視覺觀察）、記憶力、一般性智能等。狗狗唯有善用本身所具備的感官、智能，加以靈活運用，才不會在面對問題時一籌莫展，不得其門而入。也因此，這個章節的測試內容多多少少會和其他章節重複，但在歸類上，還是放到不同測試項目裡。

頂尖的解題專家

專司牧羊或牧牛的工作犬，像是邊境牧羊犬（Border Collie）、德國狼犬（German Shepherd），面對難題毫不畏懼，特別擅長突破各種困境。牠們不只在主人的監督下，才能執行守衛牧場、管理牲畜這些單一任務；充滿自信、會善用周邊資源的牧羊犬，就算主人不在身邊，同樣能勝任工作。這類型的犬種喜歡接受現實生活的種種挑戰，如果純粹把牠們當作居家寵物飼養，無法一展長才的牧羊犬，通常會比較不快樂。

學習如何解決問題

雖然很多犬種天生就是解決問題的高手，然而當狗狗正處於智能發展期間，訓練和經驗累積也是不可或缺的環節。牧羊犬必須經由學習，才能理解牧羊人或農場管理者所發出的聲音、口哨或手勢代表的含意，正確遵從指令，之後才能勝任牧羊、牧牛的工作。類似過程也同樣適用於居家寵物，如果飼主能撥空為愛犬進行基礎、進階、特殊才藝訓練（請參閱 152-177 頁），絕對能改善狗狗展現智能的行為。或許你我都很嚮往牧羊犬悠遊於山丘趕牲畜的畫面，後面章節的測試遊戲，其實也能達到同樣效果，讓家中寶貝發揮所長樂在其中，希望你也能跟牠一起同樂！

1. 脫困測試

這個測試很適合當作入門訓練，可以讓狗狗學習如何分析自己現在的處境，進而找出應對方法。你們家寶貝究竟需要多久時間才能破除困難、通過測試呢？

測試步驟

1. 讓狗狗在你身邊直立坐下，拿出浴巾給牠看一看、聞一聞。
2. 緊接著馬上把浴巾拉起來，蓋住牠的頭和脖子，動作務必要輕柔，整個包住狗狗的頭頸部。
3. 之後開始計時，這期間絕對要保持安靜，千萬不能出聲鼓勵。看看狗狗需要多久時間才能自行脫困。

配備需求

- 一條大浴巾。
- 碼表或有秒針的腕表。

評分標準

5 點　如果牠 5 秒內就能脫困。

4 點　如果牠脫困時間介於 5-15 秒之間。

3 點　如果牠脫困時間介於 15-30 秒之間。

2 點　如果牠脫困時間介於 30-16 秒之間。

0 點　如果牠脫困時間超過 60 秒。

要是狗狗頭上包著毛巾，卻坐著一動也不動，你也不需要特別沮喪。我自己曾養過一隻非常聰明的西高地梗（West Highland Terrier），名叫威士忌（Whisky），當牠進行這項測試時，頭蓋浴巾、不動如山，好像雕像一樣。我後來歸納出一個結論，威士忌可能認為這樣的舉動能逗樂自己那個愛搞怪的主人，或是牠誤以為我正在進行一個新遊戲，所以安靜坐著，耐心等待下個指令。最後我終於把浴巾拿掉，威士忌歪著頭一臉好奇的看著我，不知道我到底在玩什麼把戲！

2. 包裹難題

這個測試非常簡單，很容易安排，不用花太多時間，適用於各類型的犬種。不過口鼻長短稍微會影響狗狗表現，吻端較長的犬種，通常很快就能達成任務，像是北京狗（Peke）、巴哥犬（Pug）這類型的短吻犬種則較吃虧，需要花費比較長的時間。但是這個測試的評分標準和速度快慢無關，主要是依據狗狗解決問題所採取的方法而定。千萬不能讓愛犬餓著肚子接受測試，因為這可能會影響牠的表現，而最後的結果也失去客觀性。

配備需求

- 一大張質地較厚的方形紙片。
- 狗狗最愛的零食獎勵。

測試步驟

1. 把零食獎勵放在厚紙片上，對折兩次，把食物包在裡面。
2. 之後再將紙片包放在狗狗面前，仔細觀察牠的反應，看牠如何取得食物。

評分標準

3 點　如果牠只用腳爪打開紙片包。

2 點　如果牠手腳並用才能打開紙片包。

1 點　如果牠只把紙片包拿來玩，根本沒有打開的意圖。

1 點額外積分　如果你的狗狗是短吻犬種，卻展現出驚人的意志力，堅決地想把紙片包打開。

3. 躲貓貓之 1

在這個測試中，狗狗必須具備基本分析能力，釐清自己處境，並採取適當措施，最後才能得到食物獎勵。通常牧羊犬的表現會比較出色。

配備需求

- 一大塊厚紙板（尺寸大小請參閱步驟 1）。
- 一些木箱或紙箱，用來支撐厚紙板所形成的屏障。
- 狗狗最愛的零食獎勵。

測試步驟

1. 把厚紙板立起來形成一道屏障，約 1.5 公尺寬（5 英尺），高度則依狗狗體型而定，牠用後腳站立時，不能超過紙板上緣。在紙板中間割開一道約 7.5 公分寬（3 英寸）垂直於地面的長條形孔隙，距離紙板上下緣各約 10 公分左右（4 英寸）。最後再用木箱或紙箱固定，讓厚紙板不要滑動。
2. 你和狗狗分別站在屏障兩側，讓牠從孔隙中看到你手中的食物，接著再觀察牠的反應。

評分標準

5 點　如果牠在 30 秒內就繞過屏障來到你身邊。

3 點　如果牠繞過屏障的時間介於 30-60 秒之間。

0 點　如果牠企圖用頭鑽入孔隙卻卡在中間，或持續往前推擠，甚至根本不想繞過屏障。

4. 躲貓貓之 2

這個測試能夠考驗狗狗解決問題的能力，反應靈敏的狗狗絕對一點就通，第一時間就會跑向主試者，獲取自己應得的獎勵。

配備需求

- 適當的柵欄、圍牆、厚紙板屏障（請參閱 56 頁）。

測試步驟

1. 讓狗狗待在柵欄或厚紙板屏障的其中一側，你站在另一側。你們之間要留一道孔隙，牠可以透過孔隙看到你，卻不能通過。
2. 呼叫狗狗，接著觀察牠的反應。

評分標準

5 點　如果牠馬上繞過屏障，第一時間飛奔到你身邊；或是牠直接跳過屏障，甚至跳不過也沒關係，只要牠能馬上變通，繞過屏障，衝到你身邊就好。

2 點　如果牠試圖跳過屏障，失敗以後就直接坐下，沒有其他變通方式。

0 點　如果牠連試都不試，只是坐著，甚至一直哀嚎，沒有其他動靜。

5. 巨型迷宮

動物行為學家最喜歡利用迷宮做實驗，觀察受試動物的反應。這也是測試愛犬智能最棒的方法之一，看牠困在迷宮裡，究竟要花多少時間才能找到出路。或許你也可以邀請同好，把大夥兒的狗狗聚集在一塊，辦個夏日迷宮大競走，大家一起同樂！

配備需求

- 大型戶外空間。
- 很多木板或木箱。
- 碼表或有秒針的腕表。

測試步驟

1. 迷宮的設計可以參考 59 頁的造型，不需要太過複雜，至少要涵蓋五個或六個以上的死巷。迷宮屏障至少要有一定高度，讓狗狗不能一躍而過。
2. 一旦建立起迷宮之後，就可以把狗狗帶到迷宮裡，接著你要馬上離開，並開始計時，看牠究竟花多少時間走出迷宮。在狗狗闖關期間，千萬不能叫牠或發出任何聲響。

評分標準

10 點　如果迷宮的造型如右圖所示，牠走出迷宮的時間不超過 3 分鐘。

5 點　如果牠花的時間介於 3-6 分鐘之間。

3 點　如果牠花的時間介於 6-9 分鐘之間。

1 點　如果牠花的時間超過 9 分鐘，最後終於找到出路。

0 點　如果牠困在迷宮裡，甚至只會哀嚎求援。

動物行為學家發現一個非常有趣的現象，剛開始喜樂蒂牧羊犬（Sheltie）和獵狐梗（Fox Terrier）的表現會很差，米格魯（Beagle）和貝吉生犬（Basenjis）的成績卻很出色。快速移動探勘是獵犬的與生俱來的本能，米格魯是獵犬中的佼佼者，擅長追捕小型獵物，所以能夠在迷宮競走項目先馳得點。至於貝吉生犬則具有敏銳的觀察力，能夠快速蒐集四周環境的線索，所以也能很快脫困。然而如果經過反覆練習，這些犬種的表現就會全然改觀，因為喜樂蒂犬和梗犬的學習能力很強，相同動作一再重複，牠們很快就能領悟脫困的訣竅。但是像米格魯這種天生的好奇寶寶，不按牌理出牌，導致最後的成績大受影響！

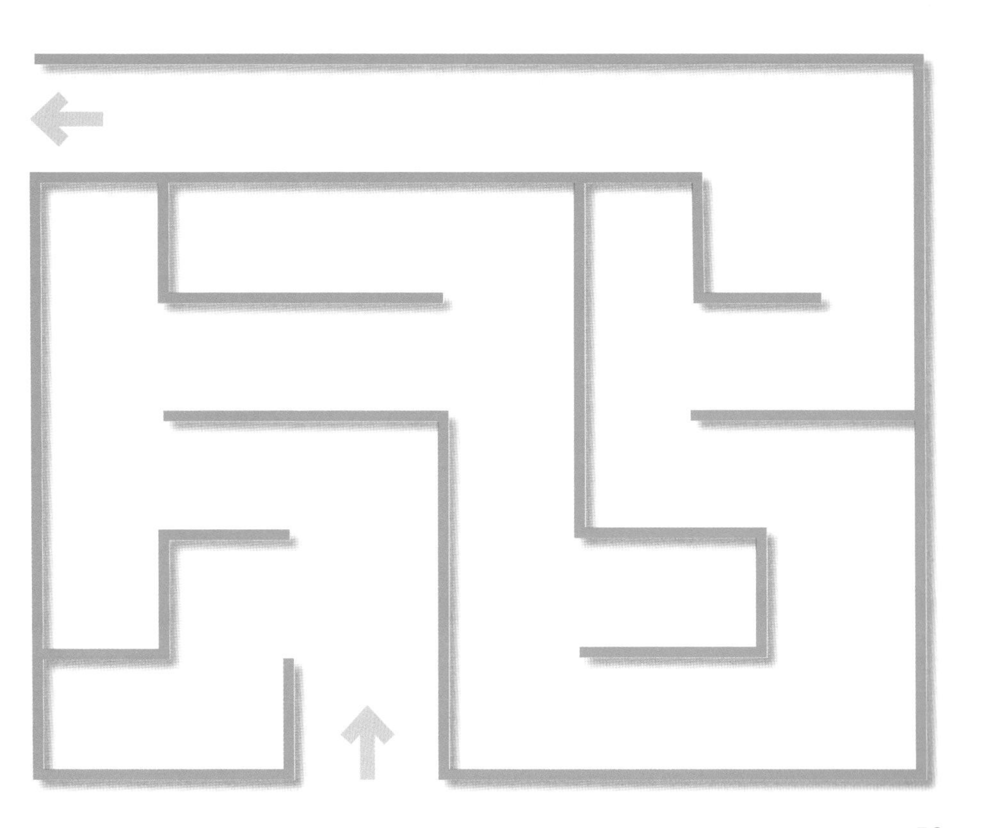

6. 迷你迷宮

如果你找不到適合的戶外空間，無法進行 58-59 頁的大型迷宮測試，或許你可以轉移陣地，直接在家裡架設一組簡易型迷你迷宮，這樣一來你和狗狗也能在室內享受闖關樂趣。不過在進行這項測試之前，狗狗必須先學會「坐下停留」的指令（請參閱 164-165 頁）。

配備需求

- 幾塊厚紙板。
- 封箱膠。
- 狗狗最愛的零嘴或玩具。
- 碼表或有秒針的腕表。

測試步驟

1. 盡量蒐集厚紙板，用封箱膠把所有厚紙板黏成長條形。
2. 將長條形的長邊豎立在地板上，再將兩側彎成 U 字型，U 型屏障的高度依狗狗體形而定，屏障上緣必須超過牠用後腳站立時的高度，U 型屏障兩翼長度至少是狗狗體長兩倍以上。
3. 在 U 型屏障中心點切開一個小洞，直徑約 4 公分（1½ 英寸），洞的位置不能太高，當狗狗以四腳站立時，視線要能穿透圓洞。
4. 把狗狗帶到 U 型屏障裡面，對牠下達「坐下停留」的指令（請參閱 164-165 頁）。
5. 接下來你再走出 U 型屏障，把狗狗的零嘴獎品拿到洞口引誘牠，之後再觀察狗狗反應。

評分標準

10 點　如果牠馬上轉身走出 U 型屏障，繞過屏障走到你身邊，輕鬆取得零嘴。

6 點　如果牠沒有立即作出反應，不過還是在 1 分鐘以內取得零嘴。

2 點　如果牠花更多時間，在 1-3 分鐘之間取得零嘴。

0 點　如果牠直接推倒屏障取得零嘴。

7. 追蹤測試

如果你有機會跟朋友和狗狗一起外出散步，或許可以試試這個單元，讓遛狗過程更加有趣。藉由追蹤測試的結果，你可以清楚了解自家愛犬嗅聞能力有多敏銳。然而這對短吻類犬種比較不適合，善於嗅聞追蹤的獵犬（Scent Hound）、大型獵犬（Spaniel）、以及大多數牧羊犬，都能在這個測試有不錯的表現。

測試步驟

1. 選擇一段適合你們散步的路徑，先走一會兒，再幫狗狗繫上牽繩，然後請助手抓緊牽繩。完成上述準備工作，你就可以往前走 100-200 公尺左右（110-215 碼），一旦離開狗狗視線，再找一個適合躲藏的地點，至少要離步道 4 公尺（12 英尺）以上。等你躲好了再呼叫助手，隨後便要保持靜默。
2. 現在你的助手就可以放開狗狗，希望牠能馬上進入狀況，開始追蹤你的氣味。然而你的助手也不能閒著不動，他要沿著步道跟在狗狗後面，當他們和你躲藏的位置平行時，絕不能露出破綻，務必要保持若無其事的樣子，繼續往前走。狗狗可能會離開步道追蹤你躲藏的位置，或選擇跟著你的助手往前走。

評分標準

5 點　如果牠毫不遲疑，直接找到你躲藏的位置。

2 點　如果牠停留在你離開步道的那個位置，等待你的朋友，之後再跟著他走。

0 點　如果牠根本不想追蹤你的氣味。

配備需求

- 助手。
- 有適當躲藏空間的戶外場地。
- 時間充裕，足以讓你們多花點時間散步。

8. 食物搜尋

這個測試非常簡單，不過卻能評估狗狗解決問題的能力，看牠是否能採取適當措施突破困境。短吻類犬種可能會覺得這個測試的難度稍高，口鼻部較長的狗狗比較佔便宜。由過往的經驗得知，混種狗在這個測試特別吃香！

配備需求

- 一大塊狗狗最愛的零食點心。
- 一張矮桌。
- 碼表或有秒針的腕表。

測試步驟

1. 剛開始你要讓狗狗全神貫注，把注意力全部集中在你身上。把零食拿出來給牠看一看，聞一聞。
2. 在牠眼前慢慢把食物放到桌子底下，要稍微注意放的位置，牠伸出腳爪剛好可以搆得到。
3. 放好食物後便開始計時，可以用口頭鼓勵的方式，激發狗狗取得食物的鬥志。

評分標準

5 點　如果牠只用腳爪就撈到食物，而且花費的時間在 1 分鐘以內。

4 點　如果牠只用腳爪就撈到食物，所花費的時間介於 1-3 分鐘之間；或是牠只用口鼻部，不過花費的時間在 3 分鐘以內。

3 點　如果牠只用口鼻部，在 3 分鐘之後才取得食物。

2 點　如果牠一直聞來聞去，用口鼻部試了幾次之後，卻還是沒有取得食物。

0 點　如果過了 3 分鐘之後，牠卻依然沒有動靜，一點都沒有取得食物的企圖。

貼心小秘訣

想要讓愛犬在這個測試有出色表現，可以稍微投機一下，狗狗越餓，越有動力。此外，食物的選擇也很重要，如果是狗狗最愛的零嘴，絕對能激勵牠的鬥志！

9. 聰明的狗狗

這個測試也很簡單，輕易就能測出自家愛犬解決問題的智能高低。如果遇到下雨天，你們無法出門散步，都得待在家裡，可以把這個小測驗當作餘興節目。我曾經試過讓拉不拉多（Labrador）和巴哥犬（Pug）接受相同的測試，結果牠們的表現旗鼓相當，一樣都拿到 4 點，這也可以作為你的參考基準，看看家中寶貝成績如何。

配備需求

- 助手（如果沒有也沒關係）。
- 空食物罐。
- 狗狗最愛的零嘴獎品。
- 碼表或有秒針的腕表。

測試步驟

1. 對狗狗下達「坐下停留」的指令（請參閱 164-165 頁），也可以請助手幫忙抓住牠。
2. 在狗狗面前拿出香噴噴的零嘴點心，讓牠徹底地聞過一遍。
3. 狗狗必須全神貫注，把注意力集中在你手中的食物，在牠眼前慢慢把食物放在地板，離牠約 2 公尺左右（6 英尺），接著再把空罐子倒扣蓋住食物，讓狗狗看不到牠最喜歡的零食點心。
4. 緊接著開始計時，可以用口語激勵狗狗，激發牠找出食物的鬥志！

評分標準

5 點　如果牠把罐子推倒，在 5 秒內就取得食物。

4 點　如果牠把罐子推倒，取得食物的時間介於 5-15 秒之間。

3 點　如果牠把罐子推倒，取得食物的時間介於 15-30 秒之間。

2 點　如果牠把罐子推倒，取得食物的時間介於 30-60 秒之間。

1 點　如果牠把罐子推倒，取得食物的時間介於 1-3 分鐘之間。

0 點　如果牠來回檢查罐子四周，看一看，聞一聞，卻沒有把罐子推倒。

1 點額外積分　如果牠沒有使用口鼻部，只用腳爪就把罐子推倒。

10. 藏在毛巾下的獎品

這又是另一個食物尋回測試，用來檢測狗狗是否能採取適當的應變措施解決問題。某些狗狗，特別是短吻類犬種，可能會覺得這個測試比 66-67 頁「聰明的狗狗」難度更高。梗犬這類型原本為了在地下工作而培育的犬種，對這個測試特別在行！

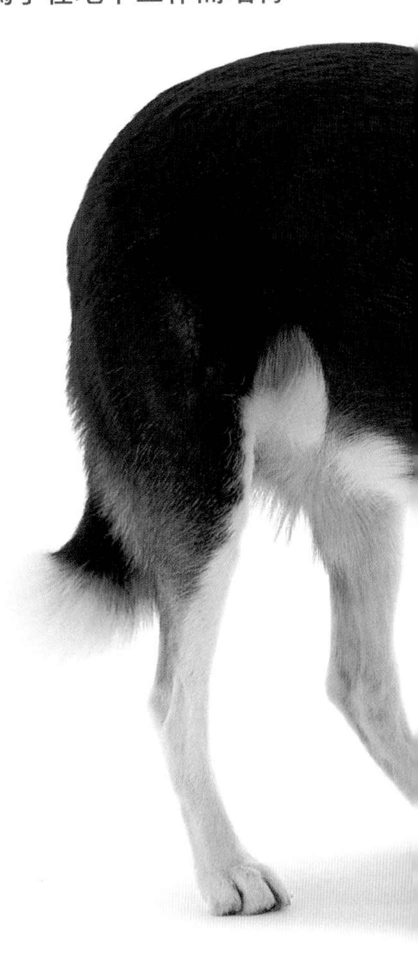

配備需求

- 助手（如果沒有也沒關係）。
- 一大塊狗狗最愛的零食點心。
- 一條手巾。
- 碼表或有秒針的腕表。

測試步驟

1. 對狗狗下達「坐下停留」的指令（請參閱 164-165 頁），也可以請助手幫忙抓住牠。
2. 拿出香噴噴的零嘴點心，讓牠看一看，聞一聞。
3. 慢慢把食物放在地上，離狗狗 2 公尺左右（6 英呎），在牠眼前用手巾蓋住食物。
4. 緊接著開始計時，可以使用口語激勵狗狗，加強牠取得食物的動力。

評分標準

狗狗大多會把口鼻伸到毛巾下，取得自己最愛的零嘴點心。

5 點　如果牠在 15 秒內就取得食物。

4 點　如果牠取得食物的時間介於 15-30 秒之間。

3 點　如果牠取得食物的時間介於 30-60 秒之間。

2 點　如果牠有嘗試過，最後卻放棄了。

0 點　如果牠根本沒有動靜，一點都不想取得食物。

1 點額外積分　如果牠用嘴巴叼住手巾，丟到旁邊，順利取得食物。

11. 獎品和柵欄

如果狗狗非常喜歡你用零嘴點心作為獎勵，那麼這個測試就簡單多了！為了突破種種難關，牠必須活用自己所具備的觀察力、記憶力、問題解決能力。當狗狗精神狀況良好，充滿活力，通常會有比較好的表現，要是牠昏昏欲睡，或因之前的活動而感覺疲憊，可能無法展現出真正的實力！

配備需求

- 香噴噴的零嘴點心。
- 找一座有柵欄或圍牆的花園或庭院。

注意！

如果柵欄或圍牆另一側是人車頻繁的主要幹道，千萬不要選擇那個地方作為舉行測試的地點。

測試步驟

1. 幫狗狗繫上牽繩，帶著牠一起走到花園或庭院。你們一起沿著柵欄或圍牆散步，務必要經過柵門，並且門要維持打開的狀態。把狗狗熱愛的食物零嘴拿出來，讓牠看一看，聞一聞。
2. 把食物丟往柵欄或圍牆另一側，解開牽繩，看看狗狗接下來會有什麼反應。

評分標準

3 點　如果牠第一時間跑向柵門，穿過柵欄或圍牆，企圖找出食物落下的地點。就算牠找不到，或已經找到食物，卻改變心意不打算享用，這些情況都沒關係。

0 點　如果牠還是跟著你，或只是到處聞來聞去。

變通方式

若是你家沒有適合的柵欄或圍牆，也不用太過緊張，可以等你和狗狗有機會到公園或鄉下時，再選擇一處適當的地點。如果還是行不通，就直接在這個項目給狗狗 3 點積分，這樣才不會影響牠的總成績。

愛犬成績如何？

儘管狗狗經過長時間馴化的過程，卻依然保有遺傳自野生遠祖那兒的生存技能，但是人為選種育種大多具有特殊目的，各式各樣的犬種五花八門，藉由不同方式展現其所長。此外，狗狗通常都有自己的想法，會用自己的方式，理解你幫牠出的難題。

以人類為出發點的思考模式

所有測試項目都是由人類所設計，如果狗狗的成績很差，並不一定表示牠是一隻笨狗。因為人和狗的思考模式不同，我們所理解的，不見得就是牠的本性，所以人為測試，不盡然能真實反映出狗狗的智能高低。狗狗可能無法理解你的行為，不知道你為什麼把食物放在毛巾或罐子下面。牠可能很疑惑，在一般情況下，你會直接把零食給牠，所以牠正在等你下一個動作，一旦牠釐清你的意圖之後，才能作出反應！因此，務必要把這些測試當做遊戲來看待，愛玩是狗狗的天性，唯有順勢而為，才能讓你和狗狗樂在其中！

橫向思考模式

對某些狗狗來說，牠們比較喜歡用自己的方式處理事情，然而這可能和飼主的想法有所出入。

有些無法通過「入門測試」的警犬，不是因為牠們很笨，實在是因為太

過聰明，所以自作主張，做出超乎人類預期的舉動，因此被判定不合格。一般警犬的訓練過程，都很制式化，練習時，由某人套上加厚的特殊穿著，在手臂部位加強防護；這些候選犬隻被要求攻擊人類時，只能咬住手臂。對某些天才型狗狗來說，根本沒辦法拿到好成績，因為牠們不會把目標放在手臂，反而直接咬住對方的喉嚨或胃，也因為這種行為太過危險，所以無法勝任警犬的工作。

事實上，經由訓練過程的洗禮，這些過於聰慧的狗狗，都非常清楚咬手臂根本不會造成任何傷害，所以要採取其他做法，更有效、更具破壞力，一出手就要把對方撂倒。

問題解決能力的成績

現在你就可以加總所有點數，得到狗狗在這個項目的總成績：

60 點以上　非常聰明。

55-59 點　中上程度。

50-54 點　中等程度。

50 點以下　還有很大的進步空間，需要反覆練習、加強訓練（請參閱152-177 頁）。

B 部分：分析能力測試

現代犬隻的遠祖都生活在野地，對於自身所處的環境特別敏感，必須具備非常犀利的分析能力，才能在適者生存的殘酷現實中存活下來。群居狩獵的犬隻，計算是基本技能，牠們要知道群體成員的組成、戰力多寡，外出狩獵時，選擇適當獵物，制敵機先，為自己取得生存的最有利條件。儘管牠們已被人類馴化，這種分析能力依舊是本能之一，也有很多實例能證明這個論點，以牧羊犬而言，腦中的計算機非常發達，知道自己照顧的羊隻總數，一有迷途羔羊，馬上能察覺，並做出反應！

狗狗的計算能力

除了基本計算之外，狗狗甚至會反射性地完成進階數學計算。美國數學家潘尼博士（Dr. Penning），曾經發現一個有趣的現象，當他帶著愛犬艾維斯（Elvis），一起到海邊散步時，只要他把球丟向海裡，這隻聰明的柯基犬（Corgi）總是選擇一條最適當的捷徑，由岸邊進入水中，縮減整個尋回過程花費的時間，以最有效率的方式達成任務。

為了更精確的釐清艾維斯執行尋回任務的過程，潘尼博士準備了碼表和皮尺，一再重複測試。結果不管艾維斯選擇哪一條路徑，奔跑和游泳的速度快慢如何，總是花費最短的時間完成任務。潘尼博士甚至以數學微積分為基礎，模擬出整個環境條件的方程式，而艾維斯的選擇和方程式計算出的解答非常相近。由此可見，狗狗在採取任何舉動的瞬間，腦海中那台超級計算機，會綜合所有內外條件，馬上進行非常精密的運算，最後再選擇出一條最佳途徑，圓滿達成任務！

計算能力測試

這個章節的測試非常有趣，狗狗這種與生俱來的計算能力，甚至是自發性的反射動作，可能會產生令人意想不到的結果。五花八門的各式犬種，就算是嬌生慣養的玩賞犬，依然保有遺傳自遠古時代野生群體狩獵的基本技能，儘管外在環境已經大不相同，牠們卻還是能綜合分析周遭所有條件，精密地做出計算，選擇最有利的解決方案，讓人不得不讚嘆造物者的神奇！

12. 狗狗會計學

這個測試原本是為了人類小嬰兒所設計，最後的結果非常成功，如果將受試對象換成狗狗效果也很好，尤其是混種狗的表現特別傑出。經由這個測試，可以證明自家寶貝也能進行簡單的加減計算，結合觀察、推理等能力，在腦中計算出最後解答！

配備需求

- 10-12 個外表一模一樣的物品，像是彩色塑膠球。
- 能作為阻隔屏障的紙板。
- 磚塊或其他能固定屏障的重物。
- 碼表或有秒針的腕表。

測試步驟

1. 跟狗狗一起坐在地板上，你和牠的距離至少 2 公尺（6 英呎）以上。把屏障放在你和牠之間，用磚塊或其他重物固定。在狗狗眼前拿出球，放在屏障上方，接著慢慢把球往下降，放在你這邊的地板上。重複相同步驟，直到你在狗狗面前已經拿出六或七個球為止。
2. 把屏障拿開，這樣一來，狗狗就能看到全部的球。仔細觀察狗狗的眼神，牠會盯著球看嗎？如果是這樣，就可以開始計算牠檢視完所有球的時間，這就是牠的「凝視基期」。
3. 重新把屏障架好，調整球的數量，可以增加或減少，甚至總數不變也無妨，但整個過程你都不能讓牠看到球。
4. 之後把屏障拿開，讓狗狗再一次看到所有球。重新計時，記錄牠這一次所花的時間。

5. 重複 1-4 的步驟，總共要進行十次。可以改變球的總數或維持不變，每次都要記錄狗狗凝視球的時間。如果牠花了較久的時間檢視，表示狗狗能察覺出哪裡不對勁，知道你從中動手腳，讓球的總數起了變化。

評分標準

2 點　如果整個過程有超過四個球的數量增減，而狗狗一一檢視的時間比「凝視基期」久。

1 點　如果你增加或減少一個球或數個球，而狗狗一一檢視球的時間比「凝視基期」久。

13. 狗狗計算機

這個和書中其他測試大不相同，藉由一些簡單的方法，可以讓你更了解自家愛犬，隱藏在牠腦中驚人的分析計算能力。如果你有機會和牠一起到海邊散步，或是在陸地上有一大片延伸的水域空間，可以試試看潘尼博士的方法，不用太過認真，也不需要帶碼表或皮尺，以輕鬆的態度面對，為你和狗狗在散步的過程中添加點樂趣！

配備需求

- 你和狗狗有機會到一個夠大的水域空間。
- 時間充裕，足以讓你們多花點時間散步。
- 狗狗最愛的球或玩具。

測試步驟

1. 把狗狗最愛的球或玩具丟到水面上，叫牠撿回來。
2. 緊接著牠的大腦馬上開始運算，找出最佳路徑，花費最短時間達成任務。牠可能會衝到你身邊，直接跳進水中游到球落下的地點；也許牠會沿著水岸跑，找出最短的水域路徑，再下水把球撿回來；也許牠會在陸地跑一小段路，朝特定角度游到球的位置。不管狗狗選擇哪一條路徑，你都不需要太過緊張，不用煩惱精密的數學計算過程，其他科學家已經證實潘尼博士的論點，你大可放輕鬆，觀察狗狗如何迅速而有效的找出最佳途徑，圓滿達成任務！
3. 重複上述步驟，或許狗狗會改變路徑，不過牠選擇的一定都是捷徑，花最短時間撿回球或玩具。

評分標準

2 點　如果第一次下指令，狗狗就順利撿回球或玩具。

0 點　如果第一次下指令，狗狗卻無法撿回球或玩具。

牠的成績如何？

狗狗精巧複雜的智能運作，儘管我們無法探究其中細節，卻能藉由這個章節簡單的測試，初步窺探牠們平日深藏不露的潛力。有些理論堅信狗狗擁有第六感，在不需要爭論其真偽的前提下，在日常生活中就能驗證牠聰慧的一面，不管是選秀會伸展台上的純種名犬或是混血犬種，自家愛犬都是獨一無二的寶貝！

馬戲團的把戲

各種表演秀或馬戲團，經常會引進狗狗算術的把戲，牠們令人難以置信的高度智能，也引發了正反兩面的意見。不相信的人，認為這根本是騙人的；事實上，大多數的表演，其中的確暗藏玄機。狗狗吠叫、跺腳、敲鐘的次數，看起來似乎顯示牠們理解數字所代表的含意，甚至知道如何算術；但這只是表面上觀眾看到的結果，操控整個秀的表演者，在一般人無法察覺的狀況下，可能對狗狗下達了非常不醒目的訊息，牠只是對此做出反應罷了！當然這些訓練有素的狗狗還是非常聰明，只不過牠們並不是真的知道 1、2、3 這些數字，或加減乘除到底是怎麼回事。儘管如此，這些「精於算術表演」的神犬，還是跟一般狗狗一樣，天生具有計算能力（請參閱 76-77），只不過牠們這項智能，和人類所理解的算術大不相同！

分析能力的成績

現在你就可以加總狗狗在這個項目的總積分。

累計「狗狗會計學」測試的十組積點，如果牠在「狗狗計算機」測試，順利把球撿回來，可以再多得 2 點，之後再將總積分和下表進

行比對：

15 點以上　非常聰明。

12-14 點　中上程度。

8-11 點　中等程度。

8 點以下　還有很大的進步空間，需要反覆練習、加強訓練（請參閱152-177 頁）。

C 部分：一般 IQ 測試

這部分是一系列智能行為檢測，包含犬隻分析能力、觀察力、問題解決能力。通常混種狗在這個測試的表現較佳，其基因庫就像個大熔爐一樣，承襲了來自四面八方各種犬隻的特色，就像人類混血兒一樣，充滿活力，身體健康，聰穎過人！

我們能測出狗狗真正的 IQ 嗎？

常常有人質疑狗狗智能測試的可信度，其中最主要的爭議點，是測試的評分標準，一般是由人類擔任主試者，從旁觀察狗狗，依據其表現好壞，給予高低不等的分數。由人類主觀認定，免不了參雜自己的好惡感受，無法以客觀超然的態度，評估狗狗聰明與否。

假設「服從」是整個測試的關鍵之一，可能就會有專家提出質疑，這個測試是否能真正測出狗狗的智能。以梗犬（Terrier）而言，在這類型測試就很吃虧，表現通常會比較差。然而對新指令的反應遲緩，並不表示受試個體不聰明，可能是因為個性太過獨立，根本不屑理會主人的要求，也不會為了取悅人類而屈意承歡！

反覆練習

狗狗在各種測試的表現，也會因為練習次數多寡而受到影響。如 58-59 頁所示，梗犬（Terrier）和喜樂蒂犬（Sheltie）如果有機會多練習幾次，就能改善測試表現。然而，米格魯（Beagle）卻不會因為練習而提升成績。整體而言，德國狼犬（German Shepherd）、邊境牧羊犬（Border Collie）、貴賓犬（Poodle）在一般 IQ 測試中，通常會獲得較好的成績。

14. 戶外尋寶遊戲之 1

這個測試主要用來評估狗狗一般性智能和追蹤能力，獵犬（Spaniel）、嗅聞類獵犬（Scent Hound）、德國狼犬（German Shepherd）通常成績出色，然而玩賞犬在室內尋寶遊戲的表現會比較好（請參閱 108-111 頁）。當進行測試時，周遭最好沒有其他狗狗干擾。

配備需求

- 有適當躲藏空間的場地。
- 時間充裕，足以讓你們多花點時間散步。
- 一大把自家狗狗最愛的零食獎品。
- 碼表或有秒針的腕表。

測試步驟

1. 帶著狗狗到公園或大型庭院散步，一邊遛狗、一邊藏食物，記得要在牠面前把食物放到不同地點，樹幹後面、草叢裡面、柵欄上面、灌木叢的矮枝條等。千萬不能讓狗狗偷作弊，當你藏好所有食物，對狗狗下指令之後，牠才能展開搜尋工作，接著開始計時。
2. 重複上述步驟，共進行十次。希望你家狗狗能順利找到獎品，不管牠一口吞掉或把零食叼回你身邊，都算完成任務。

評分標準

如果狗狗在時限內順利找出藏在十個地方的零食，共可獲得總積分 20 點：

2 點　如果牠在 3 分鐘以內找出零食。

1 點　如果牠找到零食的時間超過 3 分鐘。

0 點　如果牠沒辦法獨立完成任務，你必須提供其他線索或協助，才能順利找出零食。

15. 戶外尋寶遊戲之 2

這和先前的測試很相似（請參閱 84-85 頁），不過在測試前，狗狗必須先學會「坐下停留」的指令（請參閱 164-165 頁）。同樣的，這個測試也和狗狗一般性智能以及追蹤能力有關。

配備需求

- 大型戶外空間。
- 狗狗最愛的玩具。
- 碼表或有秒針的腕表。

測試步驟

1. 帶著狗狗到公園或鄉下這類型開放的戶外空間散步。對牠下達「坐下停留」的指令，接著你要往外走，至少離牠約 150 公尺遠（165 碼），然後把玩具丟向你剛才經過的途中。
2. 接著再回到狗狗身邊，不過這次你要選擇不同的路徑，然後要求牠找出玩具。整個測試的設計是希望狗狗能追蹤你鞋子的味道，沿途找出玩具，再將玩具帶回你身邊。
3. 重複上述過程，總共要進行五次。

評分標準

如果狗狗在時限內五次都能順利找回玩具，共可獲得 10 點：

2 點　如果牠在 2 分鐘內就能找回玩具。

1 點　如果牠找回玩具的時間超過 2 分鐘，不過你並沒有提供線索或其他協助。

0 點　如果牠需要線索或你的協助才能找回玩具。

光線和天氣

狗狗在戶外尋寶測試的表現，常常會受到天氣狀況的影響。因為牠需要追蹤氣味，才能找出食物或玩具；如果整個測試在雨後進行，潮濕的空氣有助於狗狗嗅聞能力的發揮。此外，光線也是很重要的一環，陽光普照看似有助於狗狗的視覺反應，但是實際上牠的眼睛在幽暗中卻反而看得更清楚。如果你有機會，試著讓狗狗在日落後進行這個測試，絕對會得到令人意想不到的結果！儘管狗狗能摸黑行動，但是人類卻辦不到，為了以防萬一，還是隨身攜帶手電筒比較保險。

16. 進階尋寶遊戲之 1

這個測試不管在室內外都能進行，對所有犬種都很適合，不但可以當作遊戲，也能強化狗狗打獵和追蹤能力。

配備需求

尋回標的物

- 如果你家狗狗是善於打獵或追蹤的品種，能夠快速地把尋回標的物找回來，可以準備牠最愛的玩具作為測試標的物。
- 如果你家狗狗視覺非常敏銳，味覺卻沒那麼發達，例如視覺系獵犬，或是牠並不偏愛哪一個玩具，測試標的物就可以換成味道強烈的零食獎品，像是一大塊硬起司。

測試步驟

1. 把標的物丟出去，距離不用太遠，接著對狗狗下達「尋回」的指令。
2. 重複上述步驟，逐漸把距離拉大，直到差不多 50 公尺左右（55 碼）。

評分標準

5 點　如果尋回任務的距離超過 5 公尺以上（5½ 碼），並且連續十次牠都能順利將標的物叼回來。

4 點　如果連續八或九次牠都能順利將標的物叼回來。

3 點　如果連續六或七次牠都能順利將標的物叼回來。

2 點　如果連續四或五次牠都能順利將標的物叼回來。

1 點　如果連續二或三次牠都能順利將標的物叼回來。

17. 進階尋寶遊戲之 2

進行這項測試之前，狗狗必須先學會「坐下停留」這個指令（請參閱 164-165 頁）。此外，這項測試和之前幾個都一樣，場地沒有太大限制，在室內外都可以進行，庭院是其中最理想的測試地點。

配備需求

尋回標的物

- 如果你家狗狗是善於打獵或追蹤的犬種，能夠快速地把尋回標的物找回來，可以準備牠最愛的玩具作為測試標的物。
- 如果你家狗狗視覺非常敏銳，味覺卻沒那麼發達，例如視覺系獵犬，或是牠並不偏愛哪一個玩具，測試標的物就可以換成味道強烈的零食獎品，像是一大塊硬起司。

測試步驟

1. 對狗狗下達「坐下停留」的指令，在牠眼前把標的物藏起來，可以選擇簡單一點的地方，讓牠一下子就可以找出來。接著走回狗狗身邊，對牠下達「找出來」的指令。
2. 當狗狗帶著「戰利品」回到你身邊之後，務必要稱讚牠並給予零食獎勵。重複上述步驟，等牠熟悉整個流程之後，最後就不需要零食作為獎品。

評分標準

5 點　如果牠十次都能成功尋回標的物。
4 點　如果牠正確尋回的次數達八或九次。
3 點　如果牠正確尋回的次數達六或七次。
2 點　如果牠正確尋回的次數達四或五次。
1 點　如果牠正確尋回的次數達二或三次。

18. 進階尋寶遊戲之 3

相較於前面兩項測試（請參閱 88-89 頁），這個測試多加了一些變化。像是查理士王小獵犬（King Charles Spaniel）、約克夏犬（Yorkshire Terrier）這類型的玩賞犬，通常會有較出色的表現。

配備需求

尋回標的物

- 如果你家狗狗是善於打獵或追蹤的犬種，能夠快速地把尋回標的物找回來，可以準備牠最愛的玩具作為測試標的物。
- 如果你家狗狗視覺非常敏銳，味覺卻沒那麼發達，例如視覺系獵犬，或是牠並不偏愛哪一個玩具，測試標的物就可以換成味道強烈的零食獎品，像是一大塊硬起司。

測試步驟

1. 對狗狗下達「坐下停留」的指令，在牠眼前把標的物藏起來，可以選擇稍微複雜一點的地方，讓牠需要多花一點心力才能找出來，或許一部分藏在椅子或家具裡，一部分外露；如果在室外，也可以把標的物藏在樹幹後面。
2. 接著走回狗狗身邊，對牠下達「找出來」的指令。
3. 當狗狗帶著「戰利品」回到你身邊之後，務必要稱讚牠，在剛開始的過程當中，除了口頭嘉獎之外，也要伴隨實質的零食獎品。
4. 重複上述步驟，等牠熟悉整個流程之後，最後就不需要食物作為獎品。此外，也要逐漸提升測試難度，讓狗狗完全看不到藏東西的地點。

評分標準

5 點　如果牠十次都能成功尋回標的物。
4 點　如果牠正確尋回的次數達八或九次。
3 點　如果牠正確尋回的次數達六或七次。
2 點　如果牠正確尋回的次數達四或五次。
1 點　如果牠正確尋回的次數達二或三次。

19. 進階尋寶遊戲之 4

如果你家狗狗在先前三個測試都有不錯的表現，接下來就可以面對更高難度的挑戰。不要讓狗狗看到你在哪裡藏標的物，牠必須完全依靠自己狩獵的本能，把標的物找出來。

配備需求

尋回標的物

- 如果你家狗狗是善於打獵或追蹤的犬種，能夠快速地把尋回標的物找回來，可以準備牠最愛的玩具作為測試標的物。
- 如果你家狗狗視覺非常敏銳，味覺卻沒那麼發達，例如視覺系獵犬，或是牠並不偏愛哪一個玩具，測試標的物就可以換成味道強烈的零食獎品，像是一大塊硬起司。

測試步驟

1. 把狗狗帶到室內或室外都可以，不過整個空間要足以讓牠看不到你，接著再跟前面的測試一樣，選擇適當地點把標的物藏起來。
2. 等藏好之後，再把狗狗叫到你身邊，對牠下達「找出來」的指令。重複上述步驟，剛開始讓標的物稍微露出來一點，然後逐漸提高難度，直到標的物完全隱藏為止。

評分標準

5 點　如果牠連續十次都能成功尋回標的物。

4 點　如果牠正確尋回的次數達八或九次。

3 點　如果牠正確尋回的次數達六或七次。

2 點　如果牠正確尋回的次數達四或五次。

1 點　如果牠正確尋回標的物的次數達二或三次。

20. 障礙賽

在這項測試當中，狗狗必須面對一系列障礙挑戰，有點類似軍中突擊戰訓練。整個過程會為你和狗狗帶來莫大樂趣，也能讓牠建立自信，提高其敏捷度。除了少數像臘腸狗（Dachshund）這類型的短腿犬種之外，大多數狗狗都很適合。不過還是要考量牠本身的身體狀況，如果罹患關節炎或其他身體障礙，可能就要跳過這項測試，以避免其他安全上的隱憂。

測試步驟

首先你要先幫狗狗架設各種障礙物，務必要慎選材質，絕對不能造成任何安全上的隱憂，邊緣不能太過尖銳或有任何突出物，表面塗料也都必須是無毒的。整個結構要很牢固，但是不需要固定柵欄上的橫桿，這樣一來，如果狗狗腳不小心碰到，橫桿會直接落下，不會勾到牠的腳造成傷害。

配備需求

- 大型戶外空間。
- 幾個跨欄，自製或購買市面上的成品都可以。
- 輪胎。
- 隧道。
- 斜坡。
- 長度足夠的牽繩（沒有也沒關係）。
- 狗狗最愛的零食或玩具。

跨欄

跨欄不需要太高，不要超越狗狗在接受跳躍訓練的高度（請參閱 95 頁）。

輪胎

　　可以利用小朋友盪鞦韆的框架或類似裝置，把一個大型汽車輪胎吊掛在上面。拿幾條繩索或鍊子從不同方向綁好，牢牢固定輪胎，不能移動分毫。

隧道

　　準備一些像鯨魚骨的箍狀鐵環或有夾角的棍棒，用紙、舊床單或薄木板蓋住，作出一條像隧道的裝置，通道要夠寬，讓狗狗可以輕易穿越。剛開始進行測試時隧道長度可以短一點，差不多 1 公尺左右（3

小而美

如果你不想另外購買或特別費心準備上述障礙裝備，也可以利用一些簡單材料，例如紙箱、手杖、厚紙板等，製作一個迷你型障礙賽場地。這種即興創作可以讓你發揮創意，把家中各種材料拼拼湊湊，邊試邊調整，看怎樣擺設的效果最好，能夠真正測試出狗狗各方面能力，包含跳躍、平衡、一般性敏捷度等。不過安全還是第一要務，絕對要小心，避免造成任何傷害。

英尺），之後再慢慢增加長度，甚至多幾個轉彎，逐漸提高測試難度。

斜坡

基本上這個測試只需要準備一塊木板，上面固定幾根橫條，把木板的一端抬高，高度可以隨意調整，對大多數狗狗而言，通常以60公分（2英尺）作為入門訓練。

當狗狗剛開始接受訓練時，最好多利用牠平常熟悉的指令，藉由食物或玩具這些實質誘惑，加上口頭或肢體語言鼓勵，雙管齊下，激發狗狗鬥志，讓牠順利穿越隧道或各種障礙物。整個過程，你都要陪伴在牠身邊，當牠順利通過測試之後，不要吝於讚賞牠傑出的表現，也要一併奉上牠最愛的零食點心。如果狗狗剛開始沒辦法馬上進入狀況，可以用長一點的牽繩，導引牠朝正確方向前進。

一旦狗狗上手之後，再逐漸提升測試難度，把隧道加長、多幾個彎道，增加斜坡仰角，多加一個輪胎或跨欄，藉由這些簡單的方式，讓牠挑戰極限，激發潛力。

評分標準

10 點　如果牠第一次就能順利通過所有障礙，一點都不遲疑，過程中沒有損傷或移動任何裝置，迅速地達成任務。

2 點　如果牠沒辦法順利通過所有障礙，確實達到要求，每穿越一個障礙，就可以取得 2 點。

訓練狗狗的跳躍能力

1. 架設一座矮一點的跨欄，高度適中，讓狗狗可以輕易跨過。為了導引牠往正確方向前進，可以幫牠繫上長一點的牽繩。帶牠走到跨欄下方，再跨過跨欄，多試幾次，有時正向，有時反向，盡量讓牠熟悉這種感覺。
2. 讓狗狗待在跨欄的一側，並下達「坐下停留」的指令（請參閱 164-165 頁），緊接著你要走到跨欄另一側。呼叫狗狗，讓牠回到你身邊。當牠逐漸接近跨欄時，喊出「跳躍」這個指令，同時你也要開始往回走，拉住牽繩，引導牠做出跳躍的動作。
3. 一旦狗狗成功跳過跨欄，讓牠面對你坐下，不要忘了稱讚牠卓越的表現。一再重複上述步驟，直到狗狗不需要牽繩引導，也能靠自己成功跳過跨欄。
4. 當狗狗已經非常熟悉「跳躍」這個指令之後，再逐漸增加跨欄高度，每次差不多抬高 2.5-5 公分（1-2 英寸）左右，跨欄高度的上限，以不超過狗狗身高一點五倍為基準。

21. 捉迷藏

你和愛犬大可把這個測試當成好玩的遊戲，像小時候玩躲貓貓一樣；因為過程中狗狗需要發揮全身的感官知覺，所以一併可用於評估受試個體的基礎智能。這對所有犬種都很適合，尤其是玩賞犬和梗犬，想要通過考驗，不需要力大無窮或特別敏銳的感官系統，只要一點點好奇心，就能樂在其中。捉迷藏只適合在室內進行，千萬不能在街上或人潮眾多的公園裡，以免發生危險。

測試步驟

1. 對狗狗下達「坐下停留」的指令（請參閱 164-165 頁），之後你再離開，找個適當的躲藏地點。一旦躲好了，再呼叫狗狗名字，接下來你只能不動聲色保持靜默。如果你發覺牠找錯地方，可以再呼叫一次。但是千萬不能一直叫牠，讓牠趁機追蹤聲音來源找出你的位置。
2. 當狗狗找到你之後，不要吝於給牠零食獎勵，並且多多讚美牠優異的表現。
3. 重複上述步驟，共進行六次，記錄下愛犬每次的表現，參酌 97 頁的評分標準給予高低不等的點數。

配備需求

- **狗狗最喜歡的零食獎品。**

評分標準

5 點　如果牠 1 分鐘以內就找到你。

3 點　如果牠找到你的時間介於 1-2 分鐘之間。

2 點　如果牠找到你的時間介於 2-3 分鐘之間。

0 點　如果牠超過 3 分鐘才找到你。

22. 認識新字彙

這個測試是由英國哥倫比亞大學心理學權威史丹利・科倫教授（Stanley Coren）所設計，主要目標是為了評估狗狗基礎智能，在測試時一再對牠重複說出不熟悉的新字彙，讓牠逐漸理解其中含意，進而遵循這個字彙所代表的指令。

配備需求

- 你必須發揮豐富的想像力。
- 愛犬必須注意力集中。

測試步驟

1. 對愛犬下達「坐下」指令，你和牠距離保持約 2 公尺左右（6 英尺）。
2. 用你平常和狗狗說話的語氣，對著牠說出「冰箱」這個字。隨便選一個字，不用太過拘泥，因為你突然對牠說出一個不熟悉的字眼，牠根本不知道那是什麼，腦海也不會浮現冰箱這個東西，狗狗唯一知道的是，你正在對牠說話。也因此在整個過程中，你都要直直望向牠的眼睛，讓狗狗了解你正試著用眼神和牠溝通交流。儘管愛犬每天在家都會聽你口中吐出一些字眼，然而這其中大多數很明顯都不是針對牠的。這個測試的目的並不是要給愛犬一個新名字，只是要讓牠明白你正在對牠說話。當你重複進行相同測試時，最好每次都選用不同字彙。

評分標準

7 點　如果牠有反應，不管哪種反應都沒關係。

　　如果狗狗並沒有走向你，再試試看別的字彙，例如「電視」(或「豬舍」、「流感」等你腦海中浮現的字眼)，維持同樣聲調，不要改變語氣。

6 點　如果牠接下來就朝你的方向移動。

　　如果狗狗還是沒反應，再改叫牠的名字試試看。

5 點　如果牠走向你，或有朝你移動的傾向。

　　如果狗狗還是沒有任何動靜，再叫一次牠的名字。

4 點　如果牠終於走向你。

1 點　如果牠始終都沒有動靜。

23. 笑臉

你和愛犬一起進行這個測試時，絕對會開懷大笑！人類最忠誠的好友，擁有一項非常重要的特質，這也是狗狗馴養過程中，最常引起爭議的一點：牠們是否能解讀人心，具備與人類溝通的能力。研究飼主臉上的表情，理解其中所代表的含意，遠比理解飼主其他肢體語言來的重要，不管什麼犬種，都能在這個測試表現得很好！

配備需求

- 你要保持露齒微笑。

測試步驟

1. 當狗狗趴臥或坐下時，試著站在牠前面約 2 公尺左右（6 英尺）的位置。你不能用坐下停留這些指令指揮牠，只能靜候適當時機，等牠碰巧舒適地維持在這樣的狀態下，才能開始進行這個測試。
2. 現在集中精神盯著狗狗的臉，當牠也直直回望著你時，在心裡開始默數到三，然後對著牠開懷大笑，再看看狗狗有什麼反應。

評分標準

5 點　如果牠馬上衝到你身邊，猛搖尾巴。

4 點　如果牠緩慢地走向你或中途停下來，沒有搖尾巴示好。

3 點　如果牠只是站著或上半身直立坐下，沒有朝你的方向移動。

2 點　如果牠直接走開，離你越來越遠。

0 點　如果牠根本沒有反應。

狗狗會笑嗎？

某些特定犬種在正常狀態下，自然而然會做出微笑的表情，薩摩耶犬（Samoyed）、大麥町犬（Dalmatian）正是一般公認的「笑面狗」；但這和人類的狀況完全不同，牠們並不是因為愉快開心而露出這種表情。經由訓練，所有狗狗都能學會「微笑」這個指令，然而這不過是派對上娛賓的把戲，根本不代表牠內心真正的情緒反應。

24. 杯子和獎品

這是「聰明的狗狗」那個測試（請參閱 66-67 頁）的進階變化，用來評估愛犬一般智能程度，牠必須善用記憶力和基本理解力，才能為自己贏得好成績。

測試步驟

1. 請助手幫忙拉住狗狗，在牠面前將兩個杯子倒扣，並把食物藏在其中之一。務必要讓牠全程觀看。
2. 接著再把狗狗帶開 15 分鐘，當牠離開房間這段期間，在另一個空杯子裡面也放進食物。因為這個測試主要考驗狗狗的記憶力，兩個杯子都放食物，味道一模一樣，牠只能靠剛剛的印象，找出原本放食物的杯子。
3. 接下來再把狗狗帶回房間，看牠是否直接走向第一個放食物的杯子那邊。

評分標準

4 點　如果牠直接走向正確的杯子，順利把杯子推倒，取得食物獎品。

3 點　如果牠直接走向正確的杯子，花了超過 15 秒，才把杯子推倒。

2 點　如果牠走向正確的杯子，但在 1 分鐘以內，卻沒有把杯子推倒。

0 點　如果牠走向另一個杯子，推倒杯子，根本沒有多注意第一個放食物的杯子。

配備需求

- 助手。
- 兩個杯子。
- 狗狗最愛的零食獎品。
- 碼表或有秒針的腕表。

25. 新玩具

這個測試非常簡單，狗狗與生俱來的好奇心就能讓牠順利通過考驗。如果你家愛犬對生活充滿熱情，通常就會有不錯的表現！

配備需求

- 能引起狗狗興趣的新玩具。
- 毛巾。

測試步驟

1. 拿出新玩具，讓狗狗看一看、聞一聞，仔細檢查。
2. 把玩具放在地上，慢慢地用毛巾蓋住，接著觀察狗狗的反應。

評分標準

4 點　如果牠走向毛巾，並試著拿回玩具，不管成功與否都沒關係。

0 點　如果牠根本沒有任何企圖。

愛犬成績如何？

這個章節的測試看起來很簡單卻很實用，連動物心理學家也認為用這些方法所測出的狗狗 IQ 具有非常高的參考價值。其他動物在這些測試的表現，都無法與狗狗相提並論，大多數甚至連接受測試都有問題！

融入人類生活的物種

狗狗高度發展的感官知覺、記憶力、理解力、分析解決問題的能力，和人類親密互動相處融洽，牠們與生俱來的高度智能正是驅動馴化過程最強的動力；這也是為什麼你的愛犬如此得人疼愛，是家中不可或缺的一份子！

1＋1大於2，狗狗智能絕對超越各項成績加總

這個章節涵蓋的一系列智能測試，儘管能初步評估愛犬在各個面向的能力高低，然而絕對沒有任何單項或群組測試能確實反映出受試個體的整體智能。像萊格爾（Rigel）、多拉多（Dorado）這些一般公認絕頂聰明近乎不思議的神犬（請參閱34-37頁），是因為牠們整體表現超乎尋常，所以才讓人敬佩！也因為牠們，我們對狗狗高度發展的智能，有更深入的了解，而測試結果所顯示的僅僅是其中一部分罷了。

一般IQ測試的成績

現在你就可以加總所有點數，得到愛犬在這個項目的總成績：

75點以上 非常聰明。

60-74點之間 中上程度。

45-59點之間 中等程度。

45點以下 還有很大的進步空間，需要反覆練習、加強訓練（請參閱152-177頁）。

D 部分：記憶和觀察能力測試

記憶是智能評估非常重要的一環，狗狗的記憶型態主要區分成五種，請參閱下文。然而如果單憑自己的意志，狗狗似乎無法叫出儲存在腦海的某個物件，必須藉由其他相關的刺激，如特殊的味道或聲音，才能驅動記憶體的運作。

犬隻記憶型態

事件記憶　記憶曾經發生的事件。

語義記憶　記憶事實真相。

動作記憶　記憶動作（例如怎樣抓住某些東西）。

空間記憶　記憶場所，在腦海中形成一幅住家周遭的領域地圖。

社群記憶　記憶人類或其他動物個體，哪些是友善的，哪些不是。

失憶？

某些犬隻心理學家相信，一旦飼主外出渡假，把愛犬寄養在寵物旅館，這時牠會完全抹煞對飼主的記憶，好像他從來不曾存在似的；當飼主結束假期接愛犬回家時，熟悉的聲音、味道、景象重新喚醒牠腦海中的記憶，飼主「重返現實」，再一次回到狗狗的記憶庫裡面。換言之，在他們分開的這段期間，狗狗不會想到飼主。然而也有其他專家抱持不同的看法，他們認為當狗狗和飼主分開時間超過十小時以上，牠被飼主忽視的沮喪感慢慢消退時，在狗狗腦海中飼主的影像也會隨之淡去。

測試

　　現在你就可以讓愛犬接受挑戰，考驗牠的記憶力，不管是長期或短期記憶，都能藉由這個章節的智能測試一探究竟。

26. 室內尋寶遊戲之 1

這個測試不但非常簡單，還具有高度娛樂性，尤其適合中小型犬。狗狗不須要全方位展現自己所具備的整體智能，只要善用一點點短期記憶就能輕鬆取得好成績。此外，性格開朗活潑的個體通常會有比較優異的表現。如果你和愛犬一起努力，多練習幾次，當然能迅速提升牠的分數。

配備需求

- 狗狗最愛的零食獎品。
- 碼表或有秒針的腕表。

測試步驟

1. 帶著狗狗一起，繞著家中走一圈，把牠喜歡的零食藏在各個角落，儘管都是狗狗可及的範圍，卻不能讓牠一眼看穿，像是床底下、座墊下、沙發後面等。務必要讓狗狗全程參與，看到你把食物藏在哪裡。藏食物時，每個房間都要進去逛一逛，虛晃幾招，不要直接走到藏食物的地點。這樣一來可以避免狗狗追蹤你的腳步，輕鬆找出獎品。最好能記錄下藏食物的地點，最後記分時才不會遺漏。
2. 藏好所有食物後，將狗狗帶到沒有藏食物的房間，等待 30 秒，之後再放開牠，讓牠好好搜索家中所有房間。緊接著你也要開始計時，跟著狗狗腳步，全程保持靜默，最後再看看牠能找出多少獎品。

評分標準

如果狗狗能迅速找出十個藏食物的地點，最多可以得到滿分 30 點：

3 點　牠在 3 分鐘以內，就找出一個藏食物的地點。

2 點　牠花了 3-6 分鐘，才找出一個藏食物的地點。

1 點　牠花了 6-12 分鐘，才找出一個藏食物的地點。

27. 室內尋寶遊戲之 2

室內尋寶遊戲之 1（請參閱 108-109 頁）主要考驗狗狗的短期記憶。現在你可以把難度提高，進一步挑戰牠的長期記憶，測試步驟幾乎一模一樣，不過需要調整其中一項變因，把等待時間延長，看看牠是否還能有優異的表現！

配備需求

- 狗狗最愛的零食獎品。
- 碼表或有秒針的腕表。

測試步驟

1. 帶著狗狗一起，繞著家中走一圈，把牠喜歡的零食藏在十個不同地點，儘管都是狗狗可及的範圍，卻不能讓牠一眼看穿，像是床底下、座墊下、沙發後面等。務必要讓狗狗全程參與，看到你把食物藏在哪裡。藏食物時，每個房間都要進去逛一逛，虛晃幾招，不要直接走到藏食物的地點。這樣一來可以避免狗狗追蹤你的腳步，輕鬆找出獎品。
2. 藏好所有食物後，將狗狗帶到沒有藏食物的房間，等待 10 分鐘，之後再放開牠，讓牠好好搜索家中所有房間。緊接著你也要開始計時，跟著狗狗腳步，全程保持靜默，最後再看看牠能找出多少獎品。

評分標準

如果狗狗能迅速找出十個藏食物的地點，最多可以得到滿分 30 點：

3 點　牠在 3 分鐘以內，就找出一個藏食物的地點。

2 點　牠花了 3-6 分鐘，才找出一個藏食物的地點。

1 點　牠花了 6-12 分鐘，才找出一個藏食物的地點。

萊可測試（Rico's Tests）

所有狗狗都擁有高度發展的記憶資料庫，用於儲存人類的口語字彙。這其中最著名的案例莫過於住在德國的萊可（Rico），這隻絕頂聰明的邊境牧羊犬（Border Collie），擁有驚人的記憶力，可以辨別超過200種自己的玩具，只要對萊可喊出特定玩具的名稱，牠會馬上找出正確物件，且其準確率高達百分之93。以萊可為名的三項測試，也適用於你的愛犬，看看牠累積新字彙的能力，是否和萊可一樣出色！

配備需求

- **各式各樣不同的物件，像是狗狗喜歡玩的塑膠玩具。**
- **狗狗最愛的零食獎品。**

28. Rico 測試之 1

測試步驟

1. 在狗狗面前把其中一項物件丟出去，接著下達「尋回……」的指令。
2. 當牠找出該項物件，並把東西交到你手上，千萬不要吝於讚美，同時也要給牠食物作為獎勵。重複上述步驟，還是使用相同物件，直到狗狗能正確而迅速地尋回該項物件。

29. Rico 測試之 2

測試步驟

1. 在狗狗面前丟出另一項物件，並下達「尋回……」的指令。
2. 當牠找出該項物件，並把東西交到你手上，千萬不要吝於讚美，同時也要給牠食物作為獎勵。重複上述步驟，還是使用相同物件，直到狗狗能正確而迅速地尋回該項物件。

30. Rico 測試之 3

測試步驟

1. 現在將兩項物件同時丟出，要求狗狗撿回其中之一。如果牠能順利找出正確物件，並把它帶回你身邊，務必要好好讚美牠，也不要忘記用食物犒賞牠優異的表現。
2. 重複上述步驟，逐漸增加物件總數，提升難度。

評分標準

20 點　如果牠能記住 30 個新字彙。

15 點　如果牠能記住 15 個新字彙。

10 點　如果牠能記住 10 個新字彙。

5 點　如果牠能記住 5 個新字彙。

找出食物獎品

這個測試能有效檢測出狗狗智能，如果愛犬擁有超強記憶力，絕對能輕鬆過關。這對所有犬種都很適合，不管是阿富汗獵犬（Afghan Hound）、北京犬（Pekinese）、邊境牧羊犬（Border Collie）、混種狗，都能取得相當優異的成績。在這項測試中，狗狗不會因為品系差異而吃虧或佔便宜，最後結果通常與受試個體本身 IQ 有關。

配備需求

- 五、六個一模一樣的容器，像是罐子或不透明的瓶子，一定要能完全密封，最好選擇有螺紋的瓶蓋。
- 狗狗最愛的零食獎品。

31. 找出食物獎品之 1

測試步驟

1. 在狗狗面前拿出牠最愛的零食，將其中一個容器打開，放進零食，再把蓋子旋緊。
2. 把所有罐子放在地上，像洗牌一樣移動每個罐子的位置，不過你的注意力要集中在放食物那個罐子。
3. 狗狗的任務就是要找出正確的罐子，你可以從旁協助，用信號給牠一點暗示，讓牠第一次就成功，挑出那個藏食物的罐子。當測試開始時，你不能發出任何聲響，只能用手指出正確的罐子或瓶子，而這也是牠唯一的線索。如果狗狗收到訊息之後，馬上走向正確的容器，接著你就可以打開蓋子，拿出零食作為牠的獎賞，同時不要吝

於稱讚狗狗優異的表現。反之，如果狗狗搞錯了，也不用灰心，再重頭來過。

32. 找出食物獎品之 2

測試步驟

1. 一旦狗狗對你手指發出的信號能馬上做出反應，順利通過測試 1 的考驗，接下來試著採用其他方式打暗號，例如點頭或用眼神直接瞪視正確的容器。

評分標準

如果狗狗在上述兩個測試都能圓滿達成任務，最多可以得到 24 點：

12 點　如果牠很快就理解每個信號的含意，且練習次數不超過四次。

8 點　如果牠需要多嘗試幾次才知道每個信號的含意，且練習次數介於五到十次之間。

6 點　如果牠練習次數超過十次，最後終於理解每個信號的含意。

33. 找找看，哪裡不一樣？之1

這個測試主要用於評估愛犬的記憶力和觀察力，不過飼主必須要有定期遛狗的習慣，而狗狗也知道一天當中哪個時間自己可以外出散步，在出門前飼主可能會有哪些準備動作，例如穿外套、拿牽繩等。如果不符合上述條件，最後結果可能無法準確反映出狗狗的真實智能。

配備需求

- 你的外套。
- 愛犬的牽繩。

測試步驟

1. 避開你平常遛狗的時間，穿上外套，不要叫狗狗，也不要走到門邊。
2. 接著觀察狗狗的一舉一動，看牠如何回應你穿外套的動作。

評分標準

10 點　如果牠把牽繩叼給你，或是放牽繩的位置遠超過牠可及的範圍，但牠卻還是走到那附近，在旁邊坐下等你。

8 點　如果牠馬上衝向玄關或你身邊。

0 點　如果牠根本沒有反應。

34. 找找看，哪裡不一樣？之2

這個測試很簡單，同樣也是考驗狗狗的觀察力和記憶力。整個過程不需要什麼特殊裝備，而且事前也不需要什麼準備工作。

配備需求

- 充裕的時間和豐富的想像力！

測試步驟

1. 趁狗狗不在時，挑一間牠很熟悉的房間，偷偷調整裡面的擺設，也許加一張椅子或一大塊沙發墊，改變電視音響組的位置等。
2. 等狗狗返回房間後，仔細觀察牠對改變後的環境有什麼反應。

評分標準

10 點　如果牠立刻察覺異樣，並開始探勘嗅聞。

0 點　如果牠根本沒有反應。很明顯地，你家寶貝對室內設計一點興趣也沒有！

愛犬的成績如何？

想要在這個章節取得高分，愛犬必須結合觀察力和記憶力，展現自己超乎尋常的高度智能。這些測試不僅能讓你更了解自家寶貝，整個過程也極具娛樂性！根據密西根大學（University of Michigan）的相關研究指出，狗狗的短期記憶頂多維持 5 分鐘，而家貓則可持續 16 小時之久。儘管這個結論並不出人意料，但是多數養狗同好，甚至連我都無法接受！

其他記憶型態

狗狗的長期記憶能持續多久？相較於短期記憶，必須採用更複雜的試驗方法才能進行分析。除了 106-107 頁描述的五種犬隻記憶型態，還可以將長期記憶區分成兩種類型：真實記憶和聯想記憶。

真實記憶（Real Memory）

狗狗經由觀察或其他感官知覺所形成的影像或經驗，儲存在腦中的長期記憶庫。這種記憶型態大多與過往經歷的重大事件有關，進而影響牠日後的行為表現，例如狗狗因為失去主人而過於悲傷，緊閉心扉，在很長一段期間，完全無法接受新家庭的收容。

聯想記憶（Associative Memory）

這類型記憶必須由其他相關的外在刺激所引發，喚醒原本儲存在狗狗腦中的記憶。儘管其作用機制迥異於一般記憶模式，但這種現象卻非常普遍，例如當飼主從寵物旅館接回自家寶貝時，狗狗對飼主的記憶，通常是被熟悉的聲音這些外在刺激所引發。

狗狗敏銳的觀察力，是短期和長期聯想記憶非常重要的一環。如果腦部正常功能逐漸退化，例如罹患犬認知功能失調症候群（CCD）

那些年紀漸長的老狗（請參閱 180-181 頁），不管哪種記憶型態都會明顯地衰退。也因此，我特別推薦飼主多花點時間在這個章節，讓家中愛犬定期接受挑戰，尤其是年紀超過五或六歲的狗狗，這些刺激絕對能強化其記憶力，避免走上狗狗癡呆症的不歸路。

記憶和觀察能力測試的成績

現在你就可以加總所有點數，得到愛犬在這個項目的總成績：

100 點以上　非常聰明。

80-99 點之間　中上程度。

50-79 點之間　中等程度。

50 點以下　還有很大的進步空間，需要反覆練習、加強訓練（請參閱 152-177 頁）。

E 部分：聯想力測試

聯想力是一連串精密而複雜的腦部運作流程，不管對人類或狗狗而言，都是智能表現非常重要的一環。為了通過這個章節的考驗，愛犬必須組合各種影像、字彙，形成一個完整的概念。如果狗狗充分發揮這項才能，就能輕易理解你想要傳達的「概念」！

發揮聯想力的工作犬

各式各樣的犬種，甚至混種狗，全都擁有非常豐富的聯想力，其中又以邊境牧羊犬（Border Collie）、德國狼犬（German Shepherd）、獵犬（Spaniel）在這方面的表現最出色。盡忠職守的邊境牧羊犬，時時刻刻都要保持高度警覺，注意周遭環境的風吹草動，牠必須充分了解牧羊人的各種肢體語言，除了大量字彙外，還包含各種視覺訊號，將所有資訊輸入大腦，重新彙整之後，再做出正確判斷。至於警犬，大多以德國狼犬或獵犬為主，也必須具備上述技能，才能堅守工作崗位。

測試

當愛犬接受聯想力測試之前，必須先學會「坐下」這些基本指令（請參閱 162-163 頁）。章節中的所有測試最好都在室內進行，避免外在干擾影響牠的表現。

年紀較大的成犬

隨著年紀漸增，狗狗的思路也會越趨緩慢，當超過 11 歲之後，牠的聯想能力也會漸漸衰退。

35. 字彙和聲音

這個簡單的測試能讓狗狗學會更多口語指令的替代訊號，將特定聲響和自己所熟悉的字彙連結在一起，爾後只要對狗狗發出這個聲響，不需下達口語指令，牠也能做出正確的反應。

配備需求

- 愛犬必須保持沉著冷靜。

測試步驟

1. 你必須站在狗狗面前，讓牠把注意力集中在你身上，接下來你要對著牠拍手，並喊出「坐下」這個指令。重複上述動作，共十次。
2. 進入下一個階段之後，就不需要下達口語指令，只能拍手示意。如果狗狗馬上做出正確的反應，表示牠已經知道拍手等同於「坐下」。反之，如果狗狗沒有反應，再重複步驟 1，拍手和口語「坐下」指令雙管齊下，再做十次；之後再單獨做出拍手的動作。

評分標準

20 點　如果只要反覆練習十次，牠就能上手，把拍手和「坐下」聯想在一起。

10 點　如果需要多練習幾次，牠才知道拍手的含意，練習次數介於 10-50 次之間。

36. 字彙和視覺信號

這和前一頁的測試稍微有點差異，現在狗狗要學的是將口語指令和視覺訊號連結在一起，讓牠可以直接對視覺訊號做出正確反應。不論聲音或視覺聯想訓練，所有犬種都能很快進入狀況。

配備需求

- 愛犬必須保持沉著冷靜。

測試步驟

1. 站在狗狗面前，讓牠看到你握緊的拳頭。
2. 快速地打開拳頭，再握緊，同時下達「坐下」的口語指令。一再重複上述步驟，並記錄練習次數，直到不用口語指令，只需使用拳頭訊號，狗狗就能正確做出「坐下」的動作為止。

評分標準

20 點　如果只要反覆練習十次，牠就能上手，把拳頭訊號和「坐下」聯想在一起。

10 點　如果需要多練習幾次，牠才知道拳頭訊號的含意，練習次數介於 10-50 次之間。

休息一下！

愛犬反覆練習 50 次之後，還是無法進入狀況，將聲音或視覺訊號和熟悉的口語指令連結在一起，也不用太過勉強，休息一下，改天再挑戰吧！

37. 字彙和味道

這個測試需要搭配使用一些有味道的物件，在挑選時要特別小心，狗狗的嗅覺遠比人類敏銳，有些東西對人類無害，對牠們卻有毒，為了避免危險，最好選用牙膏、一小瓣大蒜、魚醬、玫瑰水等絕對安全的物質。

配備需求

- 幾根棉花棒。
- 有特殊氣味的安全物質。

測試步驟

1. 把棉花棒放到有特殊氣味的物件上，再將沾染味道的棉花棒移到狗狗鼻子前面，同時下達「坐下」的指令。
2. 重複上述步驟，試了幾次之後再掉包，用乾淨的棉花棒取代。如果狗狗把棉花棒當作視覺訊號，棉花棒一靠近鼻子便馬上坐下，這時候需要暫停 30 秒，然後再重新開始。牠必須要理解，那個特殊味道才是測試的關鍵。千萬不要氣餒，多練習幾次，直到狗狗不需要口語指令的輔助，只要聞到氣味，就能做出正確的反應。

評分標準

20 點　如果只要反覆練習十次，牠就能上手，把特殊氣味和「坐下」聯想在一起。

10 點　如果需要多練習幾次，牠才知道特殊氣味的含意，練習次數介於 10-50 次之間。

休息一下！

愛犬反覆練習 50 次之後，還是無法進入狀況，將氣味和熟悉的口語指令聯想在一起，也不用太過勉強，休息一下，改天再挑戰吧！

進階訓練

如果狗狗很快地通過考驗，對於上一頁和 122-123 頁的測試，一下子就得心應手，接下來就可以提升訓練難度，將各種口語指令，搭配不同聲響、視覺訊號或氣味。只要持續不間斷的練習，再加上一點運氣，最後結果搞不好令人大吃一驚。一旦你拿出特定品牌的香水，狗狗馬上坐下；讓牠聞一聞香醇的起司，牠就馬上趴下；甚至只要你對愛犬行軍禮，牠便第一時間飛奔到你身邊！

字彙聯想

不只神犬萊可（Rico）（請參閱 112-113 頁），所有狗狗都有專屬的字彙資料庫，儘管無法用言語表達，但卻完全理解這些字背後的含意。其字彙資料庫越龐大，智能發展也越成熟；飼主如果能養成習慣經常對愛犬說話，對牠的智能發展也有非常正面的影響。不過你所選用的字彙要有連貫性，不能變來變去，特定行為或物件所代表的字彙要前後一致，不然牠會混淆，有礙學習成效。

連貫性是最重要的關鍵

當飼主對狗狗說話時，每個字都要清楚明確，不要添加其他多餘的措詞或語句，這會讓牠混淆，無法釐清你真正的意圖。舉例來說，如果你想要叫狗狗「過來」，千萬不能沉不住氣，邊拍膝蓋邊說：「快點，我正在等你！」你的口氣務必要平穩友善，不能提高聲調或太過嚴厲，每次下達某項指令時，不管是音調、語氣、音量大小都要前後一致。

複合指令

一旦愛犬已經學會了一連串的字彙，接下來就可以把這些字彙排列組合，對狗狗下達更複雜的指令，這樣的訓練也有助於提升牠的智能發展。舉例來說，如果狗狗知道「拿」、「拖鞋」、「爺爺」這幾個字的含意，爾後便能很快進入狀況，進一步理解「把拖鞋拿給爺爺」是什麼意思。要是爺爺的拖鞋不只一雙，甚至可以把訓練難度提高，要求牠「把黑色拖鞋拿給爺爺」，這樣一來，你就可以輕鬆一點，坐著欣賞愛犬令人讚嘆的表演，從一堆鞋子中挑選出正確的那一雙，順利達成狗狗快遞的使命！

結合抽象概念和真實事件

狗狗的心思縝密，能夠將兩個概念合而為一，但如果這兩個事件的時間點不一致，牠便無法做出連結。當你外出遛狗時，要是愛犬像脫韁野馬飛奔而去，過了兩小時才回到你身邊，這時候你再處罰牠根本無濟於事。狗狗會把同時發生的兩個事件連結在一起，也因此，牠會誤以為自己是因為回到你身邊而遭受處罰；對狗狗而言，事後的處罰和兩小時之前的暴走行為根本是兩碼子事，牠終究還是不知道自己做錯了什麼！

38. 字串連結

這個測試的難度更高，狗狗必須連結一連串的字彙，並且理解這些字串代表的含意。換言之，牠正嘗試學習人類的語言和文法，將名詞、動詞和形容詞組成一個句子。為了支持以上論點，你和愛犬必須一起努力，讓牠得以正確回應你用字串下達的指令。

配備需求

- **你想要在這個測試選用的字彙，和這個字彙相關的物件。**

測試步驟

1. 訓練狗狗學會三到四個字彙，這些字彙組成的字串必須有意義，讓牠能夠遵循，並做出正確的反應。其中最好有一個動詞，像「拿來」、「拿去」等；一到兩個名詞，像「襪子」、「玩具」、「牽繩」等；一個形容詞，可以用來描述顏色或物件特徵（如果某種物件的數量不只一件，且各自擁有不同的顏色）；家中成員的名字或單純地使用「我」這個字。
2. 現在把幾個基本構件組合起來，形成一個有意義的句子，例如「把玩具拿來給我」，下達這個指令之後，再觀察狗狗的反應，看牠是否理解，並做出正確的動作。如果練習的機會越多，狗狗學習的字彙也隨之增加，你和牠之間的「對話」勢必會更有趣！

評分標準

30 點　如果從狗狗字彙資料庫中挑出四個字組成字串，牠能理解字串指令的含意，並做出正確回應。

20 點　如果從狗狗字彙資料庫中挑出三個字組成字串，牠能理解字串指令的含意，並做出正確回應。

5 點　如果從狗狗字彙資料庫中挑出兩個字組成字串，牠能理解字串指令的含意，並做出正確回應。

愛犬成績如何？

前幾頁和 122-125 頁提供的各項測試，對於評估愛犬的智能高低佔有舉足輕重的影響。現在你就可以加總所有點數，得到狗狗在這個項目的總成績：

80 點以上　非常聰明。

75-79 點　中上程度。

60-74 點　中等程度。

60 點以下　還有很大的進步空間，需要反覆練習、加強訓練（請參閱 152-177 頁）。

F 部分：生活經驗測試

最後這個大項所提供的測試群組與前面那些很不一樣，比較像問卷，飼主可以藉由平常觀察愛犬的言行舉止，回答下列各項問題，用以評估牠各方面的技能、訓練成效以及生活經驗等。狗狗不用親自接受考驗，飼主只要拿起筆勾選最接近現實狀況的答案，就能得到這個項目的成績。儘管只是紙上作業，還是可以把下列各個問題視為「測試」的一種。這整個章節都非常實用，得以視為狗狗平常表現的總體評量表。

操作指南

以下列舉的各項問題都很簡單，你只消坐在沙發上，兩三下就能解決；如果有些狀況是你平常疏忽的，可以多費點心，等確定之後再回答。只有你才是解答這些問題的不二人選，沒有其他人會比你更了解自家的小寶貝！

雖然可以把這一系列問題獨立出來，視為迷你智能測試的一種，然而最好還是把這個章節併入愛犬 IQ 測試，加總這個章節和其他章節的積分，得到牠最後的總成績。

39. 聲音辨識

你在廚房裡，狗狗待在另一個房間。在牠聽力所及的範圍內，你正打開食物包裝，那牠有什麼反應呢？

評分標準

3 點　不管狗狗是否餓肚子，牠一聽到聲響，馬上飛奔到廚房。

1 點　除非你在狗狗面前拆開食物包裝，否則牠根本沒辦法察覺。

40. 注意！

狗狗想要喝水，不過裝水的碗卻沒有半滴水殘留，那牠有什麼反應呢？

評分標準

4 點　如果牠藉由某些方式引起你的注意，讓你知道水碗已經乾了。

3 點　如果牠走到你身邊哀嚎。

2 點　如果牠坐在碗邊哀嚎。

1 點　如果牠坐以待斃，等你主動發現碗裡面沒有水了。

41. 如何和其他動物相處？

你和愛犬一起在鄉間散步，迎面而來一隻體型較佔優勢的大狗、牛或馬，那牠有什麼反應呢？

評分標準

4 點　如果牠緊貼著你，沒有任何挑釁或示威的動作。

3 點　如果牠開始狂吠咆哮，卻還是保持安全距離。

2 點　如果牠想要靠近對方，不管態度是謹慎的或嬉鬧的。

1 點　如果牠衝向對方，狂吠挑釁，甚至想要撲上去咬對方一口。

42. 玩樂時間

你和愛犬已經玩了一段時間，雖然你想要結束，但牠卻還是意猶未盡，那牠如何傳達自己的想法？

評分標準

3 點　如果牠採取積極的態度，試圖重新展開遊戲。

2 點　如果牠用哀嚎方式懇求。

1 點　如果牠只是狂吠。

43. 字彙辨識

狗狗是否能辨識以下字彙：獸醫、散步、床、食物（或是你採用其他替代名詞）？如果牠認得其中幾個，確切的數量有多少？

評分標準

1 點　牠每認得一個字彙，就可以得到 1 點。

44. 判斷力

當你和愛犬一起外出散步，你們面前有一道柵欄或圍牆，你可以輕鬆跨越，但對牠而言，這道障礙的高度太高，無法一舉跳過，那牠有什麼反應呢？

評分標準

4 點　如果牠沿著柵欄跑，企圖找出通路穿越柵欄。

2 點　如果牠試圖從柵欄下方挖洞，或等你把牠舉過柵欄。

1 點　如果牠興趣缺缺，直接朝反方向跑開。

45. 街道感知能力

當你和愛犬一起外出散步，你們正預備穿越一條繁忙的街道，那牠有什麼反應呢？

評分標準

4 點　如果牠在人行道邊緣停下來，仔細地考慮何時才是安全穿越馬路的最佳時機。

3 點　如果牠完全仰賴你，由你決定何時才是安全穿越馬路的最佳時機。

1 點　如果牠繼續往前走，你必須用力拉牽繩，才能把牠拉回來。

46. 人類辨識能力

家中來訪次數有限的客人，你家狗狗記得這些人嗎？

評分標準

4 點　如果牠都認得這些人。

3 點　如果牠有時認得，有時卻把他們當陌生人。

2 點　除非客人上一次來訪時有用零食賄賂狗狗，否則牠根本不記得這些人。

0 點　如果牠完全不記得這些人。

47. 噪音

當狗狗在室內，聽到外面有些奇怪的聲響，那牠有什麼反應呢？

評分標準

3 點　如果牠明顯地集中注意力，儘管很在意聲音來源，卻還是保持安靜。

2 點　如果牠開始狂吠，想要到室外一探究竟。

1 點　如果牠完全忽視那個奇怪的聲響。

48. 新環境

如果愛犬置身於完全陌生的新環境，那牠有什麼反應呢？

評分標準

3 點　如果牠馬上展現高度好奇心，想要徹底探索每個角落。

2 點　如果牠只有一點好奇。

0 點　如果牠完全沒興趣。

49. 認錯

愛犬胡鬧卻碰巧被你逮個正著，那牠有什麼反應呢？

評分標準

4 點　如果牠知道犯錯，耳朵下垂，兩腿夾住尾巴，想要畏罪潛逃。

3 點　如果牠只是悲慘地瑟縮在角落。

2 點　如果牠狂奔而去，看起來非常憂心。

1 點　如果牠狂奔而去，眼神閃爍，根本不是真心悔改！

50. 模擬狀況劇

這個測試讓你有機會嶄露表演天分，可以藉機在愛犬面前賣弄一番。當牠把全副精神都集中在你身上時，你要假裝拿出一小塊食物，放到嘴巴裡。在旁邊全程觀看的狗狗，會做出什麼反應呢？

評分標準

4 點　如果牠清楚地知道你是假裝的。

3 點　如果牠上當了，開始搜索你剛剛假裝拿食物的地點，試圖找出剩下的食物。

2 點　如果牠熱切地看著你把食物「吃掉」。

1 點　如果牠完全沒興趣。

愛犬成績如何？

現在你就可以加總所有點數，得到狗狗在這個項目的總成績：

40 點以上　非常聰明。

30-39 點之間　中上程度。

20-29 點之間　中等程度。

20 點以下　還有很大的進步空間，需要反覆練習、加強訓練。

測試結果

特殊犬種的加分機會

當愛犬已經完成所有章節的系列測試，接下來就可以加總牠在各個大項的點數，得到最後的總積分。再依據下表列出的犬種，給予或多或少的額外積分，將這些分數加上總積分，這就是愛犬 IQ 表現的總成績。

75 點額外積分

阿富汗獵犬（Afghan Hound）
巴吉度（Basset Hound）
尋血獵犬（Bloodhound）
牛頭梗（Bull Terrier）
鬥牛犬（Bulldog）
鬆獅犬（Chow Chow）
丹第丁蒙梗（Dandie Dinmont）
義大利靈緹犬（Italian Greyhound）
湖畔梗（Lakeland Terrier）
獒犬（Mastiff）
諾福克梗（Norfolk Terrier）
英國古代牧羊犬（Old English Sheepdog）
北京犬（Pekinese）
小型貝吉格里芬凡丁犬（Petit Basset Griffon Vendeen）
蘇格蘭梗（Scottish Terrier）
西里漢梗（Sealyham）
西施犬（Shih Tzu）
斯開島梗（Skye Terrier）
西藏梗（Tibetan Terrier）

50 點額外積分

秋田犬（Akita）
澳洲牧羊犬（Australian Shepherd Dog）
貝林登梗（Bedlington Terrier）
比熊犬（Bichon Frise）
黑褐獵浣熊犬（Black and Tan Coonhound）
波士頓梗（Boston Terrier）
拳師犬（Boxer）
查理士王小獵犬（Cavalier King Charles Spaniel）
臘腸犬（Dachshund）
英 / 美獵狐犬（English/American Foxhounds）
英國玩賞犬（English Toy Spaniel）
大丹犬（Great Dane）
靈緹犬（Greyhound）
哈士奇（Husky）
伊比莎獵犬（Ibizan Hound）
愛爾蘭梗（Irish Terrier）
愛爾蘭獵狼犬（Irish Wolfhound）

圖：巴吉度（Basset Hound）

圖：查理士王小獵犬
（Cavalier King Charles Spaniel）

雪橇犬（Malamute）
獵水獺犬（Otter Hound）
指示犬（Pointer），德國短毛指示犬（German Shorthaired Pointer）除外
羅德西亞脊背犬（Rhodesian Ridgeback）
聖伯納犬（St Bernard）
蘇格蘭獵鹿犬（Scottish Deerhound）
沙皮犬（Shar Pei）
平毛 / 剛毛獵狐梗（Smooth-/Wirehaired Fox Terriers）
愛爾蘭軟毛梗（Soft-Coated Wheaten Terrier）
史丹佛郡鬥牛梗（Staffordshire Bull Terrier）
西藏獵犬（Tibetan Spaniel）
威爾斯梗（Welsh Terrier）
西高地梗（West Highland Terrier）

30 點額外積分

艾芬 / 迷你杜賓犬（Affen-/Miniature Pinschers）
萬能梗（Airedale）
美國史丹佛郡梗（American Staffordshire Terrier）
澳洲牧牛犬（Australian Cattle Dog）
澳洲梗（Australian Terrier）
長鬚牧羊犬（Bearded Collie）
比利時牧羊犬（Belgian Sheepdog）
比利時坦比連犬（Belgian Tervueren）
伯恩山犬（Bernese Mountain Dog）
邊境牧羊犬（Border Collie）
邊境梗（Border Terrier）
法蘭德斯畜牧犬（Bouvier des Flandres）
凱恩梗（Cairn Terrier）
柯基犬（Corgi）
大麥町（Dalmatian）
杜賓犬（Dobermann）
獵麋犬（Elkhound）
德國狼犬（German Shepherd）
德國短毛指示犬（German Shorthaired Pointer）
黃金獵犬 / 拉不拉多（Golden/Labrador Retrievers）
荷蘭毛獅犬（Keeshond）
凱利藍梗（Kerry Blue Terrier）
瑪利諾犬（Malinois）
曼徹斯特梗（Manchester Terrier）
紐芬蘭犬（Newfoundland）
諾威奇梗（Norwich Terrier）
蝴蝶犬（Papillon）
博美犬（Pomeranian）
貴賓犬（Poodle）
洛威拿犬（Rottweiler）
薩摩耶犬（Samoyed）
舒柏奇犬（Schipperke）
雪納瑞（Schnauzers）
喜樂蒂牧羊犬（Shetland Sheepdog）
絲毛梗（Silky Terrier）
約克夏（Yorkshire Terrier）
其他獵犬（Spaniel）或尋回犬（Retriever）
混種狗（Mongrel）
上表未列出的其他犬種

愛犬的表現如何？

你覺得自家寶貝是「IQ 達犬」嗎？牠是「狗界愛因斯坦」嗎？不管成績好壞，至少你知道愛犬絕不是一隻笨狗。狗狗和人類一樣，大多數充滿魅力、表現卓越、為大眾所敬重的個體，絕不是知識分子或天才那一掛的。個性決定一切，所有狗狗都具備這些迷人特質，千萬不要因為分數而折損了你對愛犬的喜愛！

總成績（加上品種別的額外積分）

483-503 點　你家寶貝是最棒的！

462-482 點　狗界的奧斯卡贏家。

441-461 點　牠已經取得犬族智能奧林匹克競賽的門票。

440 點以下　加油！革命尚未成功，同志仍須努力！

如何提升成績？

不管最後結果如何，千萬別太認真，務必要把所有測試當作遊戲看待。此外，透過一些訓練課程（請參閱 152-177 頁），也能提升愛犬成績。以我的朋友為例，他對訓練狗狗非常熱衷，他的邊境梗（Border Terrier）第一次接受本書系列測試時，總成績慘不忍睹，只有 395 分。然而經過不斷地訓練，一再反覆練習，這隻可愛的小狗狗很快地扳回一城，在補考時，成績迅速爬升到 445 分，大大令人刮目相看！

愛犬訓練學園

重返校園

如果愛犬第一次接受測試的成績平平，甚至有點讓人失望，你也不用太過灰心，還有補救的機會。在牠補考之前，可以透過訓練改善受試表現，只要你和牠同心協力，絕對會有意想不到的結果。加油！搶救狗狗 IQ 大作戰，讓我們一起重返愛犬訓練學園吧！

成功的關鍵

成功＝一分天才＋九十九分努力，透過訓練，絕對能改善愛犬的智能表現。教育狗狗的過程，務必要謹記下列原則，你要清楚地表達對狗狗的要求，所有指令都要前後一致，避免混淆，唯有讓牠徹底理解指令含意，才能順從地做出正確的反應。「溝通、理解、服從」是狗狗訓練課程的三大要素，整個過程就像教小孩一樣，需要不斷地付出愛心，才能讓愛犬達到你的要求！

飼主教戰守則

- 不管是否在訓練期間，只要有機會就多跟愛犬說說話。
- 你所使用的視覺訊號必須前後一致，單一訊號搭配固定的字彙或指令。在訓練期間，你可以試試看，哪種音調、音頻的功效最顯著，只要你一下指令，狗狗馬上就範。
- 結合口語指令和肢體語言，例如當你剛開始對狗狗下達「坐下」指令時，可以在牠旁邊用最舒適的方式直接坐下，在不同的地點多試幾次，這樣牠比較容易了解你想要傳達的訊息。
- 不管什麼時候，當你跟愛犬溝通時，語調一定要保持平穩愉悅。
- 千萬不能大聲咆哮，狗狗對聽覺非常敏感，輕聲細語、聲調和緩，才能讓牠聽得更清晰！
- 在平常的玩樂時間，就要記得多讚美狗狗，這樣當牠接受訓練時，才會把口語稱讚視為獎勵。

犬種性向分析

為了提升訓練成效，強化愛犬的智能發展，必須針對牠本身的性向，因材施教。而每個個體的性向表現，部分原因取決於其血緣關係，某些犬種對特定項目非常在行，卻可能在其他方面慘遭滑鐵盧。不只純種狗，連混種狗也有這種傾向；如果狗狗的血脈，剛好集結犬族菁英的優缺點，你可能要費點心思釐清一下，看牠擁有哪些品系的特徵，之後再對照以下幾頁的建議，針對犬種類別，對症下藥，把你家小寶貝打造成全方位的「IQ達犬」！

獵犬（Hounds）

獵犬通常無法在狗狗智商排行榜上名列前茅，其中名次最好的是挪威獵麋犬（Norwegian Elkhound）。這類型犬種很容易分心；如果有一陣味道飄過，嗅覺系獵犬（Scent Hounds）馬上轉移注意力；如果週遭有什麼動靜，視覺系獵犬（Sight Hounds）也會馬上被吸引過去。對獵犬而言，牠們最需要學習如何集中注意力，全神貫注在飼主下達的指令上，進一步理解指令所代表的含意。訓練獵犬時，必須要多點耐心，反覆練習「坐下」、「停留」、「過來」、「尋回」這幾個重要的指令（請參閱162-165、168-169、174-176頁）。訓練期間千萬不能鬆懈，隨時要和狗

圖：米格魯

狗維持良好的眼神交流，讓牠把精神集中在你身上以及自己手頭上的工作。

牧羊犬（Pastoral Dogs）

有好幾種絕頂聰明的犬種都屬於這個族群，包含各種牧羊犬（Collie/Sheepdog）、科基犬（Corgi）、薩摩耶犬（Samoyed）等。如果你家狗狗也是其中之一，或許可以嘗試從問題解決那方面著手，例如戶外尋寶遊戲、進階尋寶遊戲、室內尋寶遊戲這幾個測試都很適合（請參閱84-91、108-111頁）。

圖：英國古代牧羊犬（Old English Sheepdog）

梗犬（Terriers）

有十種梗犬的智能表現優於多數狗狗的平均值。這些活潑好動的小寶貝根本不受控制，愛胡鬧、容易分心，其中又以巨型犬萬能梗（Airedale）最難訓練。如果家中狗狗剛好是這些難纏的小東西，想要改善牠在IQ測試的表現，就必須從指令訓練著手。訓練期間，盡量降低週遭環境干擾對牠的影響，並且加強牠對指令的服從性。

圖：萬能梗（Airedale Terrier）

圖：鬥牛犬（Bulldog）

功能犬（Utility Dogs）

這個類別的犬種智能高低有很大落差，其中貴賓犬（Poodle）名列前茅、排名第二，但是鬆獅犬（Chow Chow）和鬥牛犬（Bulldog）卻吊車尾，排名在倒數第四之後。對功能犬而言，最適合的訓練莫過於脫困測試、聰明的狗狗、藏在毛巾下的獎品、捉迷藏（請參閱52-53、66-69、96-97頁）等測試，多練習幾次，絕對會有幫助。

工作犬（Working Dogs）

對工作犬而言，一般犬隻 IQ 測試根本不適用，除了太過嚴苛，也不盡公平。工作犬與生俱來的天職就是善盡本分，做好自己的工作，藉由牠們在各自崗位上的工作表現，從相同的立足點出發，一較高低，才能真正分出勝負。在這個類別當中，包含杜賓犬（Dobermann）、拳師犬（Boxer）、大丹犬（Great Dane）、聖伯納犬（St Bernard）等。這些犬種只專精於特定領域的活動，如果飼主經常和家中的工作犬玩遊戲，有助於激發其蘊藏的潛能，讓牠的身心都得以舒展，進一步強化其智能發展。各種工作犬的特色都不盡相同，有些視覺特別靈敏、有些腦筋動得很快、

圖：伯恩山犬
（Bernese Mountain Dog）

有些則是解決問題的高手。然而跟這些狗狗相處時必須特別當心，最好不要跟牠玩一些過於劇烈的遊戲，像摔角或拔河就很危險，因為工作犬本性狂野，一激動起來就很難控制。

圖：蝴蝶犬（Papillon）

玩賞犬（Toy Dogs）

玩賞犬大多屬於小型犬，儘管被歸類到同一類型，但彼此的智能差異天差地別。然而你千萬別被牠們外在所蒙蔽，像豌豆一樣的小腦袋，並不表示裡面空無一物，牠們可是很有料的！有些玩賞犬在 IQ 測試的表現出色，其中又以蝴蝶犬（Papillon）、博美犬（Pomeranian）的成績最優異，雙雙被譽為最聰明的犬種。想要改善玩賞犬的智能表現，必須從技巧和思維模式這兩方面著手，雙管齊下，才能大幅提升牠們的成績，或許你可以試試看下列這幾個測試，字彙和聲音、字彙和視覺訊號、字彙和味道、字串連結（請參閱 122-125、128-129 頁）。

圖：指示犬（Pointer）

運動犬 / 槍獵犬（Sporting/Gundogs）

這個類別的 30 幾種狗狗都非常聰明，智能排名都在前段班，全部都在水準以上，包括獵犬（Spaniel）、指示犬（Pointer）、尋回犬（Retriever）、威瑪獵犬（Weimaraner）、維茲拉犬（Vizsla）等。為了成為獵人的好幫手，這類型犬種不但生性敏銳，而且注意力集中，具有高度服從性。也因此，訓練課程所包含的測試和遊戲，最好以視覺或嗅覺線索的搜尋和追蹤為主，像是追蹤或尋寶遊戲等（請參閱 62-63、84-91 頁），比較能激發牠們內在潛能，促進智能發展。

混種狗（Mongrels）

因為雜交混種，子代有效擷取親代優點，所以混血兒大多比父母更出色，混種狗也一樣，其智能表現絕不亞於自己的純種近親。一般而言，混種狗的腦部發展比血統純正的犬種更成熟，這或許是因為先天遺傳，結合多種品系的優點，讓基因表現更具活力，也可能是後天生活經驗所導致。相較於嬌生慣養的純種選秀名犬，混種狗從小到大可能過著顛沛流離的生活，這些外在環境的刺激，反而讓腦容量有機會迅速擴張！

為了強化自家混種寶貝的智能發展，必須從牠的血統著手，你所選擇的遊戲或測試，最好能順應牠與生俱來的本能。如果你家狗狗比較偏向牧羊犬或槍獵犬，訓練目標以解決問題為主；梗犬則以服從訓練為主；獵犬最需要加強牠的注意力。不管愛犬的血緣組成參雜哪些品系，訓練最重要的關鍵只有一個，務必要讓牠理解聲音和視覺指令的含意，並且能迅速確實地做出反應，整個過程必須持之以恆，絕不能中途放棄！

透過訓練強化
智能發展

訓練前的忠告

反覆練習才能造就完美！想要提升愛犬在IQ測試的表現絕對沒有捷徑，你和牠必須一起努力，測試與遊戲交錯進行，透過定期訓練強化牠的智能發展。兼具測試與遊戲功能的設計，像尋寶遊戲、捉迷藏（請參閱84-91、96-97、108-111頁）等，絕對能充分激發狗狗與生俱來的潛能，然而這些測試都有些限制，愛犬必須先接受基本訓練，專注於你所下達的指令，並順從地做出正確的反應。

親力親為，不假手他人

訓練絕不可能一蹴可幾，不只狗狗本身，飼主也需要投入一些時間和精神，但是如果你想放棄這個和愛犬共同成長的機會，選擇讓牠接受坊間的訓練課程，或把這個重責大任託付給專業的訓犬師，或許本書將會讓你改變心意，這個章節所提供的訓練技巧簡單又有趣，而且成效卓著，你和愛犬一下子就會上癮，樂此不疲！

以獎賞強化誘因

訓練狗狗必須要以獎勵代替處罰，否則只會得到反效果。獎勵形式可能是牠喜歡的零食、口頭讚美或摸頭等親暱的動作，如果狗狗正確地做出你要求的動作，接下來就要採用上述「正強化」(Positive Reinforcement)的方式，提升牠往後遵循指令的意願。反之，「負強化」(Negative Reinforcement)指的是狗狗所厭惡的外在刺激，儘管牠達到你的要求，卻遭受處罰，引起牠的反感，接下來狗狗只會越來越不聽指揮。

除了上述兩種類型的強化因子之外，訓練狗狗通常還會採取「輔助強化」(Secondary Reinforcement)的形式。一旦狗狗依照要求做出正確回應，但因為外在條件不允許，無法立即給予獎勵，這時候需要藉由其他方式讓牠知道自己已經圓滿達成任務，或許你可以用手指輕彈一下，表示你並沒有忘記牠的獎賞，接下來在適當時機再奉上狗狗應得的獎勵。當然，事後你務必要記得自己曾經許下的承諾，絕不能食言！

訓練原則

在開始訓練愛犬之前，飼主需要先了解一些基本概念和原則：

- 多點耐心，絕不能發脾氣。
- 訓練過程一定要持續，最好每天固定時間。
- 幼犬三到四個月大，就能展開訓練課程；如果狗狗稍微有點年紀，需要多花點時間訓練，才能達到預期成效。
- 如果是幼犬，每個訓練小節不能超過 10 分鐘，成犬則不能超過 20 分鐘。剛開始接受某項訓練時，第一個訓練小節頂多不超過 5 分鐘，不過接下來的頭幾天，每天都要多複習幾次。
- 剛開始以口語指令為主，接下來再搭配視覺訊號，例如手指、手掌、手臂或點頭的動作。最後再省略口語指令，單獨使用視覺訊號。
- 訓練時，可以用項圈和牽繩輔助，直到口語指令能完全掌控狗狗為止。
- 千萬不要濫用食物獎勵，把狗狗喜歡的零食切成小塊，每次給一點，再加上一堆口頭讚美。同時也要慎選食物種類，務必要排除巧克力，因為裡面含有可可鹼（Theobromine），這對狗狗有害，尤其是玩賞犬，只要一點點就可能致命。此外，也不能使用葡萄、葡萄乾、無子葡萄，這些東西對狗狗都有毒，絕對要避免。

基礎訓練

為了讓愛犬在各種 IQ 測試和遊戲中表現更出色，牠必須先學會一些基本動作：

- 跟我走。
- 注意。
- 坐下。
- 趴下。
- 停留。
- 過來。
- 尋回。

這個章節的重點並不是進階訓練課程，飼主不需要操之過急，一旦你和狗狗對這些基礎訓練駕輕就熟，彼此都能樂在其中，爾後再挑戰更高難度的訓練，像是握手、鞠躬等可以在派對上炫耀的把戲。唯有按部就班，才能達到最好的成效！

注意（Watch）

在前面章節的 IQ 測試中，一再強調必須先讓狗狗集中注意力，之後才能順利展開測試。而「注意」這個指令，剛好派得上用場，它的作用就是讓狗狗集中精神，專心注視著發號施令的對方。一旦狗狗學會這個指令，也有助於往後的訓練，當你要展開測試或遊戲之前，先下達「注意」指令，讓狗狗把焦點集中在你的一舉一動，才能提升訓練的成效！

訓練步驟

1 把食物拿出來，慢慢靠近你的臉部，接著呼叫狗狗的名字，並加上「注意」這個字眼，直到牠注視著你為止。務必要讓狗狗知道，你手中有牠最愛的零食，為了以防萬一，你可以把食物移到牠面前，停留一至兩秒，之後再把食物拿開，慢慢舉高。

視覺障礙

年紀較大的狗狗，眼部水晶體或視網膜逐漸老化，因而無法確實掌握「注意」這個指令。一旦發生這個狀況，飼主必須要提高警覺，這可能是愛犬視覺衰退的徵兆。

2 維持這個姿勢，至少持續幾秒鐘，讓狗狗聚焦在你的臉部。這個指令的關鍵在於狗狗是否專心一意地望著你，不需要特別理會牠的姿勢，或坐或站都可以。如果牠能集中注意力，一直看著你，時間長達幾秒鐘之久，這時候就可以把食物獎品拿給牠，並佐以口頭獎勵，這樣狗狗才知道你很滿意牠剛剛的表現。

3 重複步驟 1 和 2，不過狗狗注視你的時間要稍微拉長，才能得到獎賞。如果牠眼神飄忽或喪失興趣，或許可以試著把食物藏在背後，因為牠心裡一定會盤算，食物到底跑到哪兒去了，直到牠重新抬頭看著你，再把食物獎品拿給牠。一旦狗狗掌握整個訓練的關鍵，之後就可以省略「注意」這個字眼，直接叫名字，引起牠的注意。

跟我走（Walking to Heel）

教導狗狗跟著你的步伐前進，是一項非常基本的訓練，這不只有助於某些測試、遊戲的進行，甚至當你平常遛狗時，也會因為這個指令而節省不少精力。經過訓練的愛犬，知道自己應該要緊緊跟隨你的腳步，未經允許，絕不能擅自跑開。

訓練步驟

1 幫狗狗繫上牽繩，你要牢牢握住另一端，慢慢收緊，讓牠待在最適當的位置，牠的右肩必須緊靠你的左腿。

2 以堅定的語氣說出「跟我走」這個指令，同時腳步也向前邁出。狗狗可能一時間不知道該如何反應，為了消除牠的疑慮，你可以用一些鼓勵的字眼讚美牠。當改變行進方向時，如果牠沒辦法馬上調整步伐，稍微往前或落後一點，你可以輕輕拉一下牽繩，讓牠重新回到定位。

3 當你們練習轉彎時要特別小心，剛開始先從右轉開始，因為這一側距離狗狗比較遠，對牠來說難度沒那麼高。如果貿然左轉，你和狗狗之間沒有足夠的緩衝空間，在沒有心理準備的狀況下，牠很可能會卡到你的腳，因而嚇一跳不知所措。當狗狗已經習慣繫上牽繩跟著你的腳步前進，爾後再慢慢練習左轉的訣竅。

4 如果狗狗已經很熟練，不管前進、轉彎都能跟上你的步伐，牽繩也始終維持鬆弛的狀態，接下來你們可以試著挑戰更高難度的進階課程，看看在不使用牽繩的狀態下，牠是否還能以相同的節奏跟著你前進。為了安全起見，剛開始最好選擇比較靜謐的地點。

慎選訓練場地

剛開始進行「跟我走」這個訓練時，務必要慎選地點，最好是你家花園、公園或開放空間這些比較僻靜的角落。當狗狗已經很熟練，知道該以什麼樣的節奏跟上你的步伐，爾後你才能帶牠走上街頭：

- 不要忽然停下跟路人說話。
- 不要刻意閃避其他狗狗，如果遇到的話，盡量保持原來的行進方向。
- 不要允許狗狗去嗅聞電線桿。
- 不要貿然穿越車陣或人群。

坐下（Sit）

接下來我們就可以進行「坐下」的訓練，儘管有部分原因是為了本書的智能測試，其中有幾個需要狗狗先學會這個指令；然而要求愛犬坐下，並不只侷限於測試的場合。除了訓練之外，也可以趁其他時機讓狗狗定期複習「坐下」的指令，當你滿足愛犬的要求之前，試著用這個指令先制約牠，然後再給牠玩具或帶牠出門散步。

訓練步驟

1 當狗狗站在你面前時，拿出一小塊零食，慢慢貼近牠的鼻子。

愛犬採用何種姿勢坐下

仔細觀察狗狗坐下的動作，牠究竟採用何種方式？一般而言，狗狗由站姿轉換成坐姿，有兩種可能性：中小型犬通常前腳保持不動，後腳往前挪，移到胃底下，碰到前爪；大型犬剛好相反，牠們坐下時，不移動後腳，前腳慢慢往後挪，前後腳爪相碰時，屁股自然就坐到地板上。

注意

如果愛犬有髖關節方面的問題，像是關節發育不全（Dysplasia）、股骨缺血性壞死（Legge-Perthes Disease）、關節炎（Arthritis）等，在訓練期間要特別小心，千萬不能要求牠長時間維持坐立的姿勢。

2 緩慢而平穩地把食物獎品移動到狗狗頭上，牠的鼻子應該會隨著「誘餌」抬高，身體後半段跟著往下降，當碰到地板時，就形成坐下的姿勢。

3 當狗狗屁股碰到地板的那一刻，你要記得喊出「坐下」這個指令，接著再把食物獎品給牠。當移動食物時，高度不能太高，如果離狗狗的頭部太遠，牠可能會直接跳起來。經過幾次練習之後，你可以試著空手掠過狗狗頭頂，應該也會產生相同效果。

停留（Stay）

一旦狗狗已經學會「坐下」這個指令之後，接下來就可以教牠「停留」以及「坐下停留」（Sit-stay）這兩個新指令。這在平常就可以多加練習，每當你帶牠外出散步時，只要花個幾分鐘，就能收到不錯的效果。

訓練步驟

2 現在對牠下達「停留」的指令，除了口語的命令之外，也可以用視覺訊號輔助，沒有拉牽繩的那隻手，手臂可以抬高，掌心打開。從狗狗心理學來看，這個動作可以縮短你和牠之間的距離。接著往外踏出一步，手掌還是維持同樣的姿勢。如果狗狗往你的方向移動，就要中止這個練習，你可以重新回到牠身邊。要是狗狗維持原來的姿勢不動，這時候就要給牠獎勵，接著再進行步驟 3。

1 幫狗狗繫上牽繩，讓牠跟著你的腳步前進，接著再下達「坐下」的指令。

3 再往外移動兩步，手掌還是維持剛剛的姿勢，嘴巴喊出「停留」這個指令。

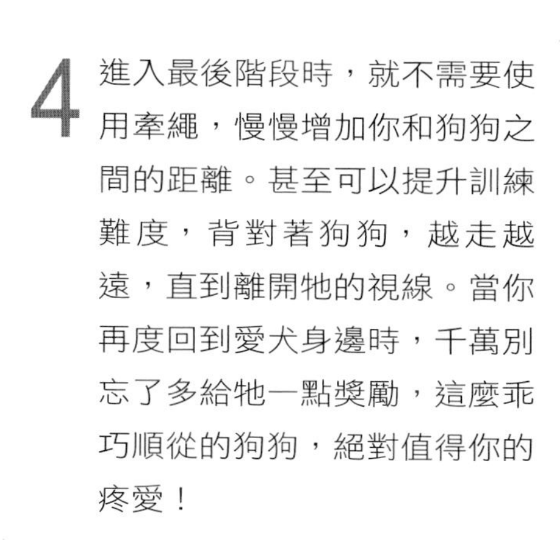

4 進入最後階段時，就不需要使用牽繩，慢慢增加你和狗狗之間的距離。甚至可以提升訓練難度，背對著狗狗，越走越遠，直到離開牠的視線。當你再度回到愛犬身邊時，千萬別忘了多給牠一點獎勵，這麼乖巧順從的狗狗，絕對值得你的疼愛！

趴下（Down）

對飼主而言，現階段要訓練狗狗趴下應該簡單多了，這個動作是坐下的延伸，牠會自然而然地採取這個姿勢讓自己更放鬆。所有犬種都能輕易做出趴下的動作，其中尤以玩賞犬最容易上手，一下子就能掌握訣竅，因為牠們體型小、體重輕、靈敏度高，離地面也最近！

訓練步驟

1 選擇一處地表平整的訓練場所，最好沒有地毯或地墊，不過也不能太光滑。對狗狗下達「坐下」的指令，然後在牠面前拿出食物獎品。

2 把食物拿到狗狗鼻子前面，瞬間往下移，放在牠前爪前方的地板上。誘引狗狗的食物不能離牠太遠，這樣牠可能會起身往食物的方向走。

3 當狗狗開始放鬆，往下趴在地板的那一刻，你也要喊出「趴下」這個指令，並且把食物給牠作為獎賞。如果狗狗繼續維持趴下的姿勢，可以用口頭讚美的方式鼓勵牠；要是牠馬上站起來，那就不需要給牠任何正向的回饋。

過來（Come）

接下來狗狗要練習的是「過來」這個動作，如果牠能順從地做出正確的反應，不但有助於各種訓練課程和測試，往後你和牠相處的每一天也會更輕鬆愉快。這個指令能讓愛犬完全在你的掌控下，特別是在室外環境，如果週遭有些潛在的危險因子，或你和牠正好要一起過馬路，這個指令就可以派上用場。訓練時你最好準備一條長度夠長、具有延展性的牽繩，才能得到比較好的效果。

訓練步驟

1 對狗狗下達「坐下」指令。當牠坐下之後，你要轉身背對牠，朝反向前進。

2 走了幾公尺（幾碼）之後，接著再轉身面對狗狗，呼叫牠的名字，並加重語氣對牠下達「過來」的指令。如果狗狗有所遲疑，你可以輕拉牽繩引導牠；當牠開始朝你移動時，再慢慢收緊牽繩。

3 在狗狗走過來這段期間，你還是要持續叫牠的名字，並佐以口頭獎勵。當牠到達之後，務必要奉上香噴噴的食物獎勵，也不要吝於稱讚牠的表現。

4 一旦你認為狗狗已經準備好了，接下來就可以挑戰更高難度的訓練，解開牽繩，看牠是否還能正確地遵循指令。訓練期間，你可以試著在下達指令之後，轉身背對牠；因為狗狗屬於群體動物，跟隨族群的領導者是牠的本能。然而如果牠並沒有遵循指令走向你或只是坐著不動，那就再幫牠繫上牽繩，重複步驟 1-3。如果愛犬無法確實達到隨傳隨到的要求，千萬不要責備牠，愛的教育才是訓練狗狗的不二法則，以鼓勵取代責罵才能得到最好的效果！

拿去 / 給我（Take / Give）

「尋回」（Fetch）不只是狗狗 IQ 測試的項目之一，如果愛犬學會這個指令，你和牠就能玩一些高難度的遊戲。「尋回」指令可以拆解成四個基本動作：「拿去」（Take）、「給我」（Give）、「咬住」（Hold）、「放開」（Drop）（請參閱 172-173 頁），狗狗必須先熟悉這些動作，才能成功達成任務；要是牠接受訓練時的年紀已經比較大了，更要多花點時間訓練基本動作。其中「拿去」和「放開」指令的挑戰性比較高，有時候甚至需要練習好幾個星期才有成效，你一定要沉住氣，千萬不能中途放棄！

訓練步驟

1 讓狗狗在你左腿旁坐下，伸出左掌放在牠的下顎下方，翹起拇指，位置剛好落在犬齒（Canine/Fang Tooth）後方，輕柔地扳開牠的嘴巴。

2 當狗狗嘴巴一張開，把你右手上的標的物放進牠的牙齒間，同時下達「拿去」的指令，接著再用右手輕輕地把牠的嘴巴扣緊。

3 用口頭獎勵多多讚美牠，之後再下達「給我」的指令，隨即拿出牠口中的標的物，最後再以雙倍的口頭獎勵和香噴噴的零食獎品犒賞愛犬。如果每個訓練小節都能讓狗狗一再複習上述動作，每次只要練習六到十次，牠應該很快就能掌握訣竅。

「尋回」玩具

儘管可以用球體作為尋回訓練標的物，但橡膠或塑膠啞鈴應該會更恰當，標的物的形狀最好有一面比較扁、向兩側延伸，狗狗才能緊緊咬住，訓練的效果也會比較好。有些訓犬師使用一小截樹枝或木柴作為尋回標的物（15 公分 /6 英寸），要是你也想效法，事先一定要仔細檢查，看看上面有沒有突起或尖刺，這可能會讓狗狗受傷，為了以防萬一，最好盡量避免使用這些東西。如果你不放心，可以從愛犬最愛的玩具中選一樣作為尋回標的物，這樣絕對萬無一失！

咬住 / 放開（Hold / Drop）

「咬住」/「放開」和「拿去」/「給我」（請參閱170-171頁）這兩個配對指令，剛開始的訓練步驟都一樣，不過狗狗還需要學習如何長時間含著標的物，只有當你下達放開指令時，牠才能把東西吐出來。

訓練步驟

1 讓狗狗在你左腿旁坐下，伸出左掌放在牠的下顎下方，翹起拇指，位置剛好落在犬齒（Canine/Fang Tooth）後方，輕柔地扳開牠的嘴巴。

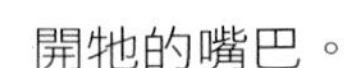

2 當狗狗嘴巴一張開，把你右手上的標的物放進牠的牙齒間，並下達「拿去」指令，接著再用右手輕輕地把牠的嘴巴扣緊，手不能放開，務必要讓狗狗緊緊咬住標的物，同時你也要下達「咬住」指令。

3 當狗狗乖乖咬住標的物時，你可以用口頭獎勵讚美牠的行為，讓牠持續一到兩秒，爾後你再鬆開右手，並下達「放開」的指令。一旦狗狗放開標的物，你要馬上稱讚牠，也要拿出零食獎品犒賞愛犬。重複上述步驟兩到三次，慢慢延長狗狗含住標的物的時間，不需要太躁進，每次只要增加幾秒鐘，避免超出牠的負荷。當狗狗已經掌握訣竅，準確地做出拿去、咬住、放開這些動作，之後再逐漸降低狗狗叼起標的物的位置，直到牠能從腳邊地板上成功撿起標的物為止。

尋回（Fetch）

某些犬種天生就是「尋回」高手，如果愛犬剛好不屬於這個族群，飼主可能需要多花點時間讓牠熟悉這個動作；要是狗狗的口鼻部比較扁平，訓練過程對你和牠可都是極大的考驗。尋回標的物可以從狗狗最愛的玩具中挑選，不管是塑膠球、啞鈴或狗骨頭都很適合；千萬不要使用樹枝，上面的突出物或尖刺可能會刺傷狗狗嘴巴。若情況允許的話，當狗狗還是幼犬時，就可以開始進行尋回訓練，活潑好動的寶貝蛋，最喜歡追著球和玩具跑，訓練牠把丟出去的玩具咬回來，正好可以讓牠趁機發洩精力！

幼犬的尋回訓練

1 當幼犬自發性地叼回標的物，驕傲地把玩具帶回你身邊，務必要多加稱讚牠優異的表現和熱忱，但是千萬不能直接把手伸到牠嘴邊，強行拿走玩具；狗狗必須出於自己的意願，直接放下玩具，或把嘴巴鬆開，讓玩具落在你面前。這個頑皮的小寶貝很快就會知道，除非牠主動把玩具交給你，否則你不會幫牠把玩具再丟出去！

2 在狗狗面前把標的物丟出去，並下達「尋回」指令。當牠成功叼回標的物時，可以用「好孩子」(Good Boy）這個字眼讚美牠，接著再下達「放開」指令。一旦狗狗鬆開嘴巴，你就可以撿起標的物，並給牠更多的口頭獎勵。

3 如果狗狗已經能掌握整個訓練的訣竅，之後再下達「尋回」的指令，同時要喊出標的物的名稱，例如「尋回球」。剛開始和牠玩遊戲時，可以交替使用兩到三個不同物件，球、玩具和塑膠狗骨頭等。採用這種方式，牠很快就會記得物件名稱，知道這些東西有什麼差異。「天下無難事，只怕有心人」，在你和愛犬共同努力下，搞不好有一天牠會比神犬萊可更聰明（請參閱 112-113 頁）。

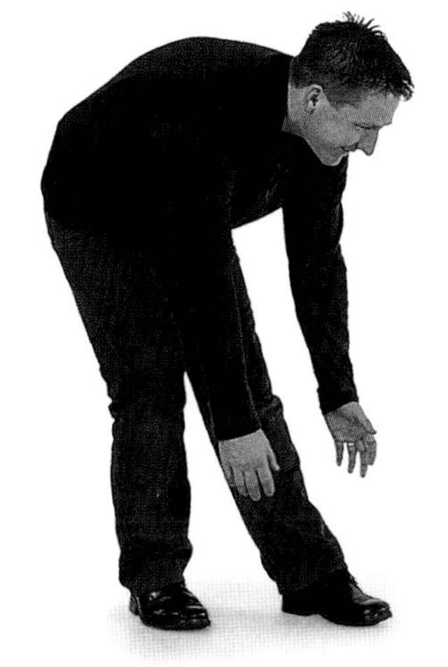

較年長狗狗的尋回訓練

如果愛犬年紀稍長，在進行「尋回」訓練之前，務必先學會「拿去」（Take）、「給我」（Give）、「咬住」（Hold）、「放開」（Drop）這些指令（請參閱 170-173 頁）。

1 當狗狗已經學會從腳邊地板上叼起標的物（請參閱 172-173 頁），就可以逐漸增加標的物和牠之間的距離，30 公分（1 英尺）、1 公尺（3 英尺），之後再增加到 2 公尺（6 英尺）。次數不要太多，每個訓練小節頂多做六次，如果一再重複相同動作，牠很快就會厭煩！

2 把標的物丟出去，距離不要太遠，並下達「尋回」的指令。當狗狗把東西撿起來時，記得要讚美牠；一旦牠把東西成功叼回你身邊，之後再下達「給我」的指令，並給予加倍的讚美和零食獎勵。如果狗狗叼起物件後，卻到處亂跑或直接跑開，你可以對牠下達「過來」的指令（請參閱 168-169 頁）。當狗狗順從地返回你身邊，務必要以口頭獎勵和實質的零食回饋嘉獎牠的表現。慢慢增加拋擲的距離，如果你覺得有必要的話，當牠返回你身邊時，也可以要求牠「坐下」，並「咬住」標的物（請參閱 172-173 頁）。

與生俱來的聰慧本質

如你所料，槍獵犬（Gundog）天生就是尋回高手，一下子就能掌握訣竅，然而玩賞犬（Toy Dog）就沒有那麼幸運，尤其是短吻類犬種，這對牠們而言，根本就是不可能的任務！如果你家愛犬沒辦法馬上進入狀況，或許你可選用輕一點的標的物，狗狗的迷你型上下顎剛好可以緊緊抓牢，標的物的一端最好窄一點，這樣牠比較容易咬住。有些狗狗對標的物沒什麼專一性，不管什麼材質都可以，然而有些狗狗卻比較挑，只喜歡質地軟的物件或橡膠玩具。當開始進行尋回訓練時，你可以稍微注意一下，看愛犬有沒有任何偏好，如果有的話，盡量滿足牠的需求，才能大幅提升訓練的成效！

其他提升狗狗
IQ 的方法

健康和 IQ 的關係

身體健康的狗狗，才能徹底發揮腦部功能，各種健康上的隱憂，除了會影響愛犬在 IQ 測試的表現，也會降低牠的整體生活品質。

影響愛犬 IQ 表現的因素

- 過度肥胖不只會讓狗狗在運動和受試時移動緩慢，也會降低腦細胞活性，如果愛犬有這方面的問題，可以試著求助獸醫，從飲食下手，以健康的方式慢慢瘦身。
- 荷爾蒙失調，例如甲狀腺機能減退（Hypothyroidism），也會影響狗狗腦部運作。
- 除了心臟方面的疾病之外，最常影響狗狗在訓練、測試、遊戲時的表現，還有骨骼系統的問題，例如髖關節發育不全（Hip Dysplasia）、膝關節脫臼（Patella Luxation，膝蓋骨異位）、關節炎（Arthritis）等。如果愛犬發生這些狀況，需要求助獸醫，進一步接受檢查和治療。

犬認知功能失調症候群（Canine Cognitive Dysfunction，CCD）

當狗狗超過八歲之後，容易產生跟人類阿茲海默症（Alzheimer's Disease）類似的情況，也就是一般俗稱的失智症或老人癡呆症。罹病犬隻的腦部病理組織和人類失智症患者很類似，這會導致思維模式、學習和記憶退化，所以智能也會大受影響。犬隻失智症伴隨的症狀如下：容易在熟悉的場所迷失、對自己的名字或平常很熟悉的指令缺乏反應、漫無目的四處亂逛、認不出熟悉的家庭成員、喪失遊戲或散步

的興致、甚至不想踏出家門一步。令人難過的是，目前並沒有治癒 CCD 的療法，僅能使用處方用藥 Selegiline，改善罹病犬隻的生活品質。

如果愛犬罹患 CCD，你可以採取下列方式防止病情惡化：多攝取富含抗氧化物的食物（蔬果類）；定期從事比較緩和的運動；和牠一起玩遊戲，不要太過劇烈，每次時間也不需要太長；進行一些比較容易操作的指令訓練。除此之外，千萬要多花點耐心，陪伴愛犬度過這段艱難的時刻。

飲食和 IQ 的關係

哪些營養成分能夠幫助狗狗腦部發育？飲食習慣真的會影響智能發展嗎？市面上充斥各種說法，某些特定的食物、維他命、其他營養補充品可能有助於孩童智能發展，提升他們在學校的表現；當然，這些理論也適用於狗狗！

營養失調

良好而均衡的飲食是愛犬健康的基礎。如果狗狗感覺飢餓或受慢性病痛所苦，一定對各種訓練和測試興趣缺缺，當牠腦部缺乏適當營養，或視覺、聽覺出了問題，也會看起來病懨懨的。一旦狗狗營養失調，就有可能發生上述狀況，這都會影響牠的智能表現。

腦部補給

脂肪酸（Fatty Acids）是腦部發育最關鍵的營養成分：Omega 3，可以從魚油中攝取；Omega 6，可以從植物油、禽類脂肪中攝取。這些物質都會影響腦部功能運作。愛犬的飲食配方一定要含有足夠的脂肪酸，才能充分展現「IQ 達犬」的本色。

然而飼主千萬要注意，如果過量攝取這些物質，可能會有揠苗助長的反效果，影響狗狗的肝臟和循環系統。

營養補充品

為了維持神經細胞的活性，並且讓足夠的含氧血進入腦部，狗狗還需要攝取某些營養物質，膽鹼（Choline）、肌醇（Inositol）、維他命 B 群（B Vitamins）。除了上述物質之外，銀杏（Ginkgo Biloba）萃取物也有助於腦部發育，這是流傳自中國的古老配方，具有增強記憶力的功效，市面上一些健康食品專賣店都可買得到銀杏膠囊或錠劑，一般認為狗狗也可以食用這些人類營養補充品，並沒有任何安全的疑慮。然而當你想要讓愛犬服用任何營養品之前，最好還是先諮詢獸醫。讓狗狗服用營養補充品製成的藥丸，不但違反自然，而且很昂貴。根據我的經驗，一般獸醫的專業意見，通常會建議飼主，養成狗狗均衡的飲食習慣，才能讓你輕鬆一點，免除幫愛犬額外補腦的困擾！

訓練和測試課表

訓練課表

如果可能的話，飼主最好先讓狗狗完成整套 IQ 測試，把這個分數作為參考「基準」，經過反覆練習和訓練之後，看是否能提升牠在各個項目的表現。

訓練指南

- 就算狗狗曾經接受過服從性基本訓練，知道「坐下」、「停留」、「尋回」這些指令的含意，在測試期間，還是要不斷複習。如果狗狗根本沒受過訓練，務必要讓牠先學會這幾個基本動作（請參閱 152-177 頁），之後才能接受 IQ 測試。
- 如果你沒辦法持續幫狗狗做完一整套測試，或許可以先完成一至二個章節，把成績記錄下來，之後再找適當時間完成剩下的部分。
- 盡量每天抽空幫狗狗做些訓練和測試。

第一週

服從性基本訓練 / 愛犬 IQ 補給站
脫困測試（52-53 頁）
包裹難題（54-55 頁）
食物搜尋（64-65 頁）
聰明的狗狗（66-67 頁）
藏在毛巾下的獎品（68-69 頁）
戶外尋寶遊戲之 1-2（84-87 頁）
杯子和獎品（102 頁）
室內尋寶遊戲 1-2（108-111 頁）
反覆練習第一次受試時表現比較差的部分

第二週

服從性基本訓練 / 愛犬 IQ 補給站
躲貓貓 1-2（56-57 頁）
迷你迷宮（60-61 頁）
獎品和柵欄（70-71 頁）
捉迷藏（96-97 頁）
笑臉（100-101 頁）
反覆練習第一次受試時表現比較差的部分

第三週

服從性基本訓練 / 愛犬 IQ 補給站
巨型迷宮（58-59 頁）
狗狗會計學（76-77 頁）
障礙賽（92-95 頁）
生活經驗測試（130-135 頁）
反覆練習第一次受試時表現比較差的部分

第四週

服從性基本訓練 / 愛犬 IQ 補給站
新玩具（103 頁）
萊可測試 1-3（112-113 頁）
找出食物獎品 1-2（114-115 頁）
找找看，哪裡不一樣？ 1-2（116-117 頁）
反覆練習第一次受試時表現比較差的部分

第五週

服從性基本訓練 / 愛犬 IQ 補給站
追蹤測試（62-63 頁）
進階尋寶遊戲 1-4（88-91 頁）
萊可測試 1-3（112-113 頁）
反覆練習第一次受試時表現比較差的部分

第六週

服從性基本訓練 / 愛犬 IQ 補給站
認識新字彙（98-99 頁）
笑臉（100-101 頁）
萊可測試 1-3（112-113 頁）
字彙和聲音（122 頁）
字彙和視覺信號（123 頁）
字彙和味道（124-125 頁）
字串連結（128-129 頁）
反覆練習第一次受試時表現比較差的部分

第七週

重新再測一次，得到愛犬新出爐的總成績

Dog's IQ 大考驗

判斷與訓練愛犬智商的50種方法

作　　者　大衛・泰勒（David Taylor）
譯　　者　陳印純

發 行 人　林敬彬
主　　編　楊安瑜
編　　輯　李彥蓉

內頁編排　帛格有限公司
封面設計　帛格有限公司

出　　版　大都會文化事業有限公司　行政院新聞局北市業字第89號
發　　行　大都會文化事業有限公司
11051台北市信義區基隆路一段432號4樓之9
讀者服務專線：（02）27235216
讀者服務傳真：（02）27235220
電子郵件信箱：metro@ms21.hinet.net
網　　址：www.metrobook.com.tw

郵政劃撥　14050529 大都會文化事業有限公司
出版日期　2010年7月初版一刷
定　　價　250元

ISBN　978-986-6846-95-3
書　　號　Pets-018

Metropolitan Culture Enterprise Co., Ltd.
4F-9, Double Hero Bldg., 432, Keelung Rd., Sec. 1,Taipei 11051, Taiwan
Tel:+886-2-2723-5216　Fax:+886-2-2723-5220
E-mail:metro@ms21.hinet.net
Web-site:www.metrobook.com.tw

First published in 2009 under the title Test Your Dog's IQ
by Hamlyn, part of Octopus Publishing Group Ltd.
2-4 Heron Quays, Docklands, London E14 4JP

大都會文化 METROPOLITAN CULTURE

國家圖書館出版品預行編目資料

Dog's IQ 大考驗：判斷與訓練愛犬智商的50種方法／大衛・泰勒（David Taylor）著；陳印純 譯.
-- 初版. -- 臺北市：大都會文化, 2010.07
面；　公分. --（Pets; 18)

ISBN 978-986-6846-95-3（平裝）
1.犬　2.寵物飼養　3.智商

437.354　　99010481

Dog's IQ 大考驗

判斷與訓練愛犬智商的50種方法

北區郵政管理局
登記證北台字第9125號
免貼郵票

大都會文化事業有限公司

讀者服務部 收

11051台北市基隆路一段432號4樓之9

寄回這張服務卡〔免貼郵票〕
您可以：
◎不定期收到最新出版訊息
◎參加各項回饋優惠活動

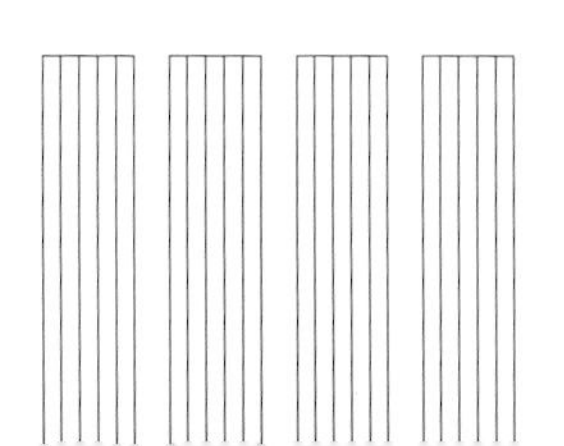

大都會文化　讀者服務卡

書名：*Dog's IQ*大考驗——判斷與訓練愛犬智商的50種方法

謝謝您選擇了這本書！期待您的支持與建議，讓我們能有更多聯繫與互動的機會。

A. 您在何時購得本書：______年______月______日

B. 您在何處購得本書：____________書店，位於____________(市、縣)

C. 您從哪裡得知本書的消息：

1.□書店　2.□報章雜誌　3.□電台活動　4.□網路資訊

5.□書籤宣傳品等　6.□親友介紹　7.□書評　8.□其他

D. 您購買本書的動機：（可複選）

1.□對主題或內容感興趣　2.□工作需要　3.□生活需要

4.□自我進修　5.□內容為流行熱門話題　6.□其他

E. 您最喜歡本書的：（可複選）

1.□內容題材　2.□字體大小　3.□翻譯文筆　4.□封面　5.□編排方式　6.□其他

F. 您認為本書的封面：1.□非常出色　2.□普通　3.□毫不起眼　4.□其他

G. 您認為本書的編排：1.□非常出色　2.□普通　3.□毫不起眼　4.□其他

H. 您通常以哪些方式購書：(可複選)

1.□逛書店　2.□書展　3.□劃撥郵購　4.□團體訂購　5.□網路購書　6.□其他

I. 您希望我們出版哪類書籍：（可複選）

1.□旅遊　2.□流行文化　3.□生活休閒　4.□美容保養　5.□散文小品

6.□科學新知　7.□藝術音樂　8.□致富理財　9.□工商企管　10.□科幻推理

11.□史哲類　12.□勵志傳記　13.□電影小說　14.□語言學習（_____語）

15.□幽默諧趣　16.□其他

J. 您對本書(系)的建議：

____

K. 您對本出版社的建議：

____

讀者小檔案

姓名：______________ 性別：□男　□女　生日：____年____月____日

年齡：□20歲以下 □21～30歲 □31～40歲 □41～50歲 □51歲以上

職業：1.□學生 2.□軍公教 3.□大眾傳播 4.□服務業 5.□金融業 6.□製造業

7.□資訊業 8.□自由業 9.□家管 10.□退休 11.□其他

學歷：□國小或以下 □國中 □高中／高職 □大學／大專 □研究所以上

通訊地址：____

電話：（H）________________（O）______________ 傳真：______________

行動電話：________________ E-Mail：________________________

◎謝謝您購買本書，也歡迎您加入我們的會員，請上大都會文化網站 www.metrobook.com.tw 登錄您的資料。您將不定期收到最新圖書優惠資訊和電子報。